凝煉知識品味閱讀

管理顧問基礎養成術

企業管理整體知識架構融會貫通

陳時新、徐永堂——編著

五南圖書出版公司 印行

自序

編寫本書的主要目的是當作管理顧問專業人士的基礎訓練課程。身爲管理顧問必需掌握很多市場訊息，通徹瞭解管理知識，以及熟練地使用各種工具。因此，本書將以淺顯文字講解，並且要起到「提綱挈領」的功效，以便在浩瀚的管理知識海洋裡辨認方位。從事顧問工作期間需要與企業主接洽，所以需要站在管理的制高點思考問題。企業主需要有自己一套領導統禦的本領，從策略管理入手是一個很好的開始，因此本書以策略管理爲介紹主軸，其中包括理論與諮詢方法，旨在協助讀者建立完整的管理知識體系。書中很多章節參考自作者接受訓練期間的教材，其中包括很多世界前500強企業使用的管理工具，尤其是美國奇異公司（General Electric Company）的。這些工具經過改良後，具有很高的實用價值。

通盤瞭解企業管理很難，如無人指點迷津就很容易陷入「盲人摸象」的困境。作者雖曾學過多種領域的管理知識，領略到管理學的堂奧之美，但總覺得就缺少那麼一點點，始終無法貫通企業管理的「任督二脈」。後來進入管理顧問公司任職，接受在職訓練與實際操作，從管理顧問旁觀者的視角，重新認識企業管理。徐博士是管理方面的專家，同時具有多次創業經驗，作者經常向他請益。本書內容涵蓋作者的實際工作經驗（諮詢與被諮詢），以實踐爲主，可操作性高，充滿管理智慧的線索，符合市場需要也經過市場檢驗，特點是提供許多實用的管理與分析工具，希望讀者能達到「開卷有益」的效果，並可應用於未來管理工作當中。

陳時新 2023/12/08
terrychen619@gmail.com

各章簡介與導讀

讀者可以相信作者著述善良的初衷，以及每一章的背後都充滿作者的眞誠。本書主要講述諮詢行業與顧問養成與工具使用技能，也兼談企業總裁應該具備的管理知識體系。當身爲總裁的你感到「高處不勝寒」的時候，顧問公司會是你最好的夥伴。讀完本書後如想要測試一下自己擔任總裁的決策實力，可進行一場「策略遊戲」，讀者將會發現本書提供的各項工具都是致勝武器。

策略管理是本書的重中之重，所以放在第一章。其中內容講到策略的定義與概念，列舉波特與明茲伯格兩位大師的策略理論。再以實務觀點，從規劃、分解到實施，完整介紹策略管理體系，以及顧問公司如何進行策略管理諮詢服務，讓讀者快速掌握策略管理的精要。本章最後建議企業將整年的重要活動週期性運行而成爲一個年度活動循環。

市場調研是策略規劃、商業模式與行銷計畫等的前置作業。一份精準的市場調研報告是策略規劃與行銷計畫成功的基石，所以第二章即用來說明傳統市場調研內容，並介紹多種定量與定性的分析工具，最後再提供一份策略規劃報告模板。讀者可以從本章開始閱讀，更符合策略管理實務的順序。

編寫第三章的主旨在於提供一套實用的行銷流程，結合前兩章內容即成爲行銷策略。讀者若對行銷學感興趣，可以補充安索夫矩陣（Ansoff Matrix）、通路策略與促銷策略，再研究行銷手法和行銷案例等。

在閱讀完前三章的基礎上，第四章介紹一套簡易但完整的商業模式規劃工具，最後並附上一份商業計畫書的模板。投資經理撰寫商業模式與商業計畫書，他們的收入是可觀的。創業者需要瞭解商業模式。想要融資，那就需要一份讓投資人信服的商業計畫書。本章可視爲進入資本運作的先修課程。

第五章從實務面切入，先介紹企業文化的分類，接著提供文化評估工具，企業可藉此瞭解本身現有與期望的文化類型，並決定是否要進行文化變革。本章提供企業文化諮詢實施模型，並用一張圖說明如何進行企業文化變革。

想要瞭解人力資源管理，第六章呈現的內容當然遠遠不夠，本章主要重點放在人格特質與馬斯洛的需求層次。前者可與企業文化類型對照，而後者在本書中多次出現。

企業文化、策略體系與變革管理三者相互關聯。公司裡大大小小的變革都會影響企業文化的走向，而策略計畫分解後的各項工作也需配合變革方式來推動。小的變革事項如引進一套資訊系統，大的如企業文化革新。第七章詳細講述一個變革平臺，可讓企業平順地進行變革管理。

就會議形式而言，雖然第八章僅列述了六種，但已經可以涵蓋一般會議的多樣性了。舉辦會議的重點是要解決問題，而會議形式也是企業文化的一部分。如何讓與會人士講眞話、講有用的話，才是管理層需要修煉的領導力。

企業需要諮詢服務，所以第九章用來介紹顧問行業，包括收費方式與企業如何選擇優良的顧問公司等。本章也爲想要當一名顧問的有志之士而寫，內容中包含了顧問養成的知識與技術。

要使分析或顧問工作更加順利，一定先要建立完善的工具箱。第十章收集了一些進階的企管理論與改良工具，強調顧問需要擁有比客戶至少好一點的工具。最後的問卷分析技術以統計方式深挖資料，揭露更多隱藏其中的訊息，可以大幅度提升市調人員的資料分析能力。

CONTENTS

CONTENTS

第一章

策略管理與策略諮詢

企業擁抱策略需要靠核心競爭力和創造力的加持。策略規劃的前置作業是市場調研（Market Research）與市場分析，其中的調研是企業再一次進行學習和校準（Calibrate）的過程。這裡的「校準」指的是企業審視內部資源、技術與優缺點等，再與外部市場進行比較和調整，最終得到一個企業與市場最佳匹配的狀態，同時也要設法自我提升以符合未來競爭的需求。就實際經驗而言，企業的資源比技術來得重要。

策略中一定包括預測，而預測就是審度經濟與市場的趨勢，以歷史資料為基礎，預估未來演變。策略的本質是投資，如同其他投資，可能帶來機會也要承擔風險。企業愈是對市場敏感愈需要建立變革的企業文化，很多變革因應某次災難而生，諷刺的是變革本身也可能帶來其他災難。企業文化與價值觀（Values）具有篩選策略的功能。決策一定會在若干個解決方案中進行選擇，無論專斷或由集體決定，選擇的盡頭是博弈。

1.1 策略概論

策略也稱為戰略、計策或謀略。商場如戰場，同業甚至跨行之間的競爭無時無刻都在進行。加之，外在環境時移勢易，供應鏈不夠穩定，客戶的心理難以捉摸。因此之故，策略攸關企業的生存與發展，每位員工都無法置之度外。以下列舉兩則策略定義：

1. 審視當前局勢並展望未來而制定的競爭方式。
2. 用於實現既定目標的所有解決方案集合。

其他不同的定義可以讓我們從各種角度瞭解策略。圖1.1顯示一個策略概念，簡單地說，策略嘗試去回答下列三個問題：

1. 我是誰？
2. 我想成爲誰？
3. 我如何華麗變身？

或是：

1. 我在哪裡？
2. 我想去哪裡？
3. 我如何去？

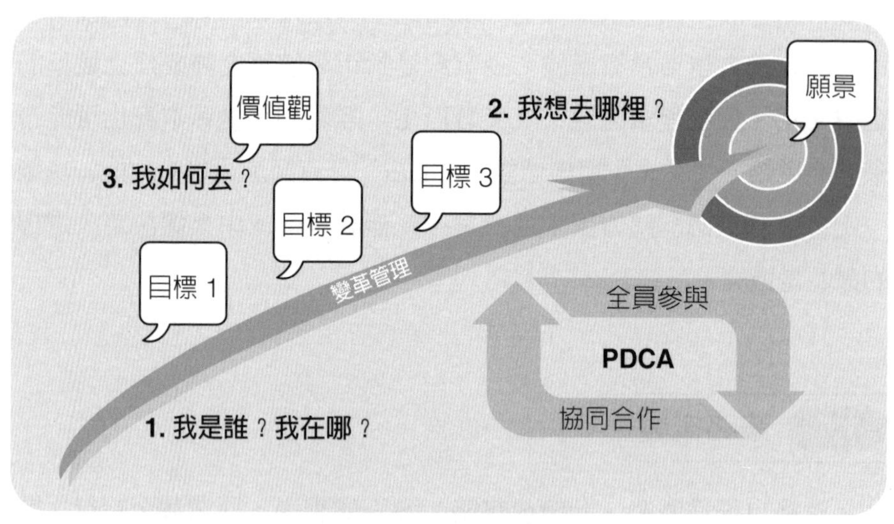

圖1.1　策略概念圖

企業進行背景分析（或基線調查），檢討內部的優勢與劣勢，以及所處產業生態圈的位置，然後知道自己是誰，身處整體業界的什麼位置？企業一定不甘心裹足不前，而是嚮往願景（Vision），築夢踏實。爲了追求理想願意額外付出成本和努力，不達目的絕不終止，興辦企業的精神就是「堅持」和「不怕失敗」。目標猶如里程碑，是由近而遠需要分解願景並逐一完成的任務。實施過程以變革管理爲平臺，期間需有所爲、有所不爲。當決定要如何實現目標時，價值觀確立了所有員工的行爲準則與事物取捨的依據。一致的價值觀可以聯結個體與團體一起共事，建立品牌與平臺；反之，缺乏一致價值觀的團隊如同一盤散沙。形成一致的價值觀，企業才能算是一個生命共同體。所以說，價值觀是企業文化的核心部分，同時也是員工考核的重點，詳見章節10.6。策略實施需先編列預算，後續配合預算制度執行。總之，策略管理也是一個戴明環（PDCA）與資源分配的過程，參見圖1.2。

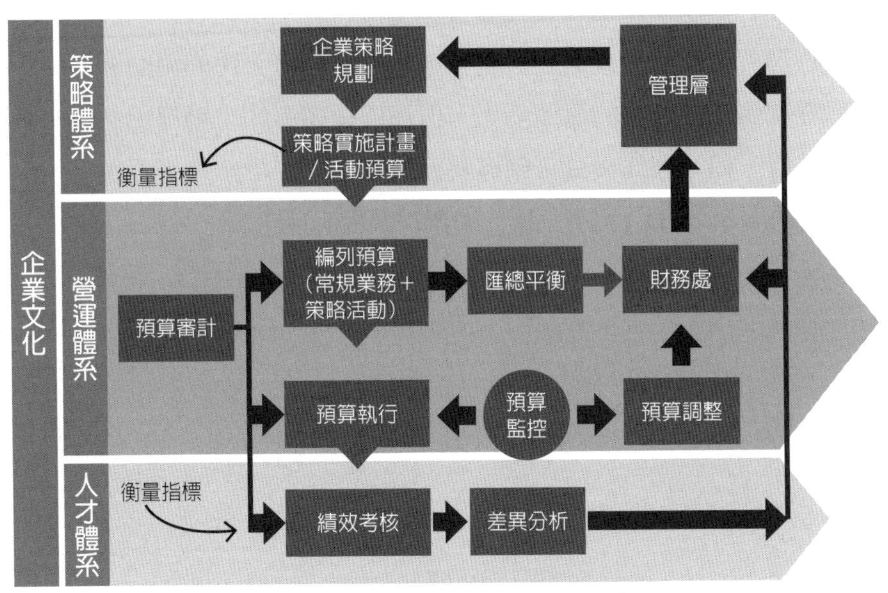

圖1.2　企業策略配合預算制度

較具規模的公司都會進行策略管理，以便因應外部市場和內部經營的變化。一般而言，短期的規劃是一年，中期三年，長期的是五年。若配合會計年度，一年或一年以內的策略管理算是短期，超過一年的就屬於長期了。

就像游泳對人類而言是與生俱來的技能，策略管理對於企業來說就是天賦般地存在。另一個淺顯的例子，做家長的平時節衣縮食，也要提供子女最好的教育資源，對一個家庭來說，這就是一項投資與策略。比較弔詭的是，有些上市公司竟然會在內部製造一些損及企業體質的事端，故意讓股價下跌，背後原因竟然是爲了防患公司被惡意收購，以確保公司的經營權不至於旁落。所以說，企業眞實的策略意圖有時很難讓外人看透。

愈是重要的、超大型的企業愈需要策略管理，而這是管理層責無旁貸的。本書中的「管理層」指的是企業甚至是集團的最高經營者（或團隊）。制定策略時管理層可以親力親爲，當然也可以假他人之手，透過各種會議形式討論決定，或是尋求顧問公司的協助。即使企業已經做到某個行業的龍頭老大，但在浩瀚如海的市場裡仍然像一葉扁舟航行。如果因爲失去正確導航而偏離方向，縱然速度再快也無法到達成功彼岸！表1.1利用三種比喻再一次說明策略概念。

表1.1　三種策略比喻與其說明

比喻	說明
圍棋	制定策略像下一盤圍棋，如果心中有謀略，就知道下一步，甚至是推演出往後的十步棋
拼圖	管理應用於企業的各種領域，諸如：人力資源、財務、資產和物料、研發、製造、供應商，以及客戶服務等等。策略可以像拼圖一樣，拼接上述的各個管理領域，形成企業一個完整的管理體系，所以策略並非孤立存在
指揮棒	將不同的樂器比喻成各種管理領域，而策略就是指揮棒，指揮整體交響樂團順利完成演出，即指揮整體公司完成經營目標

1.2 策略規劃

參見圖1.3，策略諮詢專案中需先進行文化評估，除瞭解企業的使命（Mission）、願景與價值觀以外，還需區分企業文化類型與洞悉高層的意圖。依據對外部市場環境的調研及預測、熟悉企業內部組織架構、審視歷史策略等輸入資料，利用各種工具進行策略分析。諮詢專案的期中報告乃依據策略分析結果，提出企業現有與潛在的問題。諮詢專案在期末提交的策略規劃報告則需做到鑒往知來，內容涵蓋各項問題的解決方案、市場定位、策略設計，提出發展方針以及可衡量的指標（包括：財務與非財務）等，詳見章節2.8。此時顧問公司已完成階段性任務，可先退場，交由企業管理層進行決策、分解與執行。

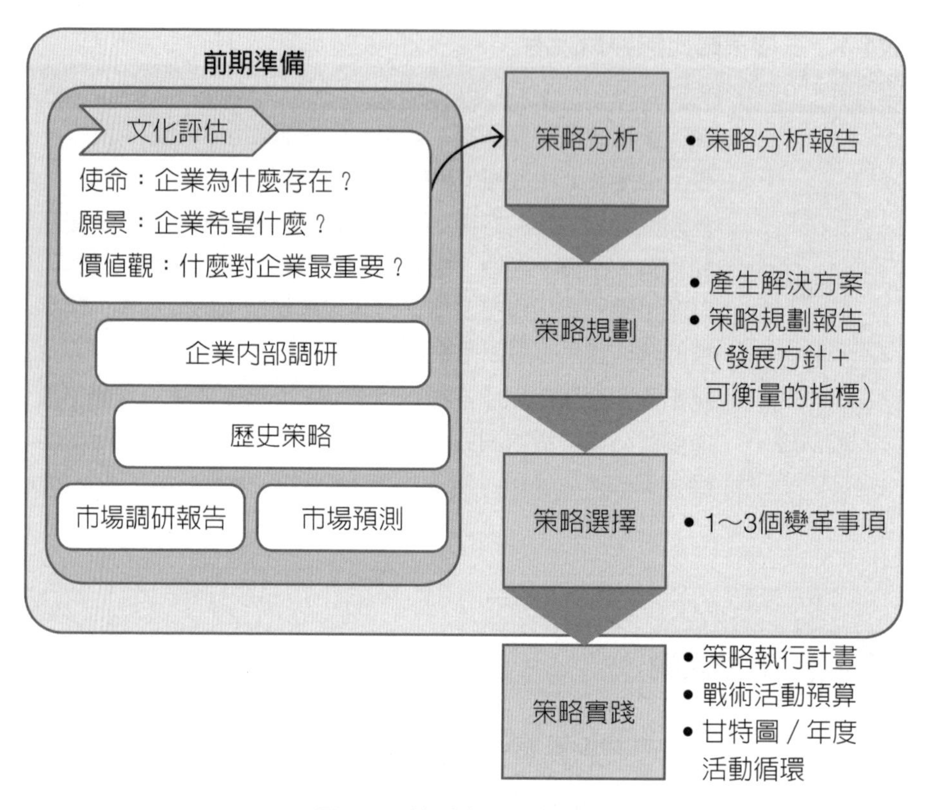

圖1.3　策略管理體系圖

圖1.4顯示另一種策略規劃的方式，由顧問公司介入，召集管理層並以工作坊（Workshop）方式決定策略方向、找出策略焦點，而後依據不同的條件與權重選擇少數的變革事項。工作坊是一種會議形式，參見章節8.2，圖1.5是此工作坊案例的流程與會議說明。

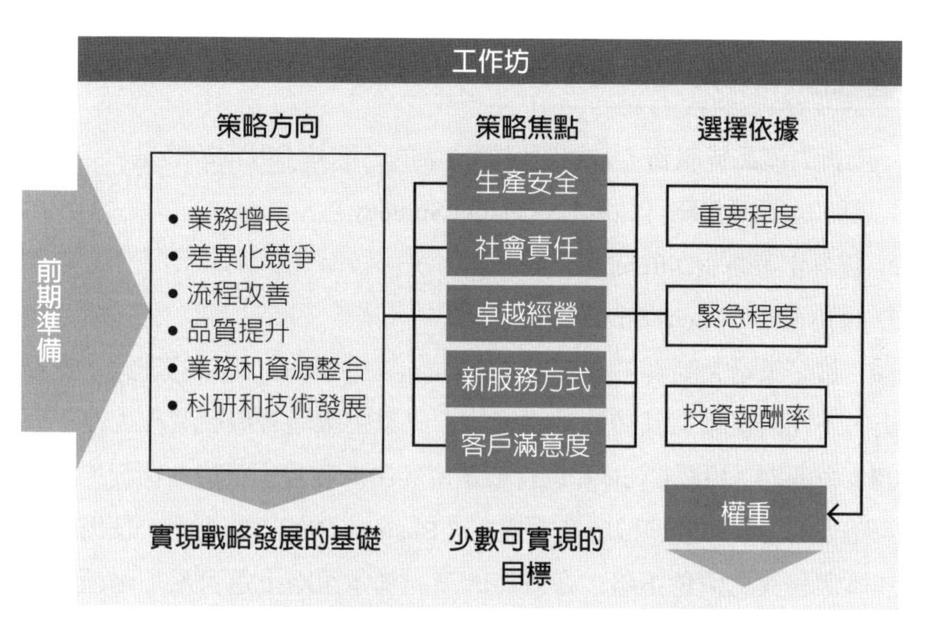

圖1.4　舉辦管理層工作坊進行策略規劃

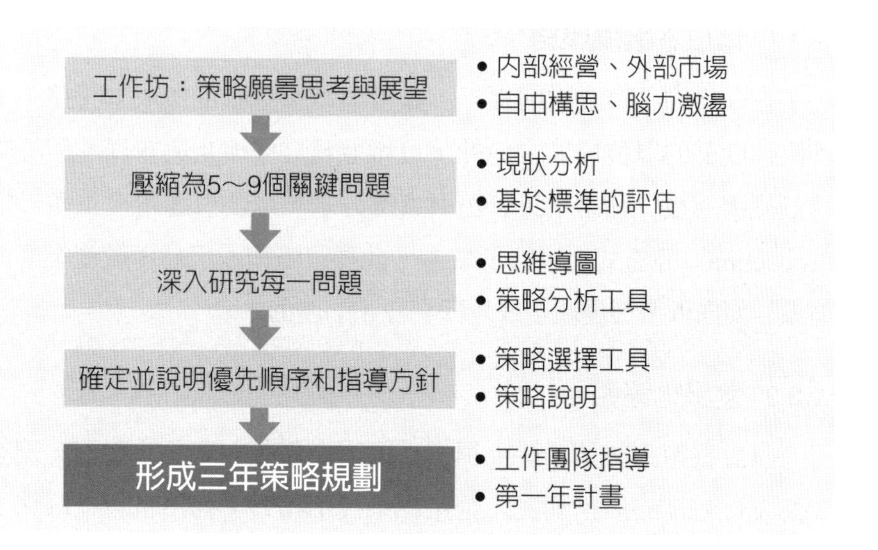

圖1.5　管理層工作坊流程案例

1.3 波特的三大基本策略

針對產品或服務，普遍應用於企業的三種基本競爭策略是：

1. 低成本領導策略（Cost Leadership Strategy）。
2. 差異化策略（Differential Strategy）。
3. 聚焦策略（Focus Strategy）。

這是策略大師麥可．波特（Michael E. Porter）提出的理論。實務上，不同的產業有其較適宜的策略。一家企業隨著發展歷程，在不同的生命週期（Life Cycle）也有較適用其中一種基本策略的情況。藍海策略中的連鎖廉價理髮店商業模式（Business Model）則合併使用了低成本與差異化兩種策略。在波特的三大基本策略上還可增加兩種新興策略：客戶一體化策略與系統鎖定策略，參照章節10.1。

1.3.1 低成本領導策略

在一定的品質要求前提下，嚴格進行預算制度與成本管控，不斷地壓縮產品的單位成本。另外，可考慮建立標準化與布局連鎖經營以達到經濟規模、利用中央管控與資源分享，以及引進精實生產（Lean Production）等方式以求降低成本。此種策略較適用於傳統產業、夕陽產業、面向低所得地區，或是薄利多銷的產品。

1.3.2 差異化策略

設計獨特的加值功能，提供不同客戶體驗的產品或服務，讓客戶願意支付較高的價格購買。企業如果技不如人，仍然可以在服務上尋求突破。在產品關鍵功能與品質得以確保的基礎上，提供創新功能與服務。正是這種差異和創新，可使企業在競爭高壓下占有一席之地。

商用筆記型電腦ThinkPad的鍵盤一直有個TrackPoint（小紅點）設計，形成產品特色並可鮮明地與其他品牌產品做出區隔。

1.3.3 聚焦策略

同時聚焦產品、客戶群與企業資源。市場研究有多個側重點，例如：地理範圍、產品、通路（即行銷管道），技術與利潤等。在市場調研後進行市場區隔（Market Segmentation）與市場定位（Maket Positioning），選擇一個或少量側重點，集中有限人力和資源於局部市場，提供最有效的產品或服務，更好地滿足一定顧客群體的特殊需求。

1.4 策略形成

企業在行銷（Marketing）期間也要制定出合理的定價（Pricing）策略，詳見章節3.8之三種基本定價方法。圖3.5中九宮格式的目標市場指引圖包括了投資決策。

四象限法是個簡易策略形成的工具。審度內外部環境，即可利用SWOT擬定出SO、ST、WO和WT四種策略，參考章節2.6。另外，章節2.5.3介紹的波士頓矩陣（BCG Matrix），將企業內部所有業務或產品區分成四大類，每一大類依據市場預測增長率和相對市場占有率的高低制定出合適策略。形成策略的依據雖有不同，但萬變不離其宗，形成的策略主要有擴充（激進）和收縮（保守）兩種，參見表1.2。

表1.2 擴充策略與收縮策略

擴充策略	收縮策略
• 合資／購併	• 分割出售
• 聯合經營	• 大量裁員
• 聯盟／特許加盟	• 收縮性重組
• 市場開發	• 觀望不前
• 市場滲透	• 退出市場
• 水平整合	• 停止投資
• 垂直整合（前向、後向）	• 逐漸淘汰
• 建立子公司	• 減產
• 擴廠／建廠	• 關廠
• 產品多角化	• 資源集中

存在很多制定策略時需考慮的不同因素，除上文提及外，還有下列：

◆ 所屬行業的特性，即高速變遷或相對穩定、處於買方市場或賣方市場。

◆ 所在層級，即集團或總公司的總體策略（Corporate Strategy），集團下公司或分公司的事業策略（Business Strategy），或功能層級。在進行功能層級決策時，最好有基層員工參與。

◆ 海內外情況，即局限在本國事業或全球化。

◆ 資源應用，即引進外援能力或內部調整／分配。

從經濟層面考慮，當國內市場預測接近飽和，在進行全球化策略時依據四象限法可以繪製出圖1.6。下文中將介紹此四種情況下合適的全球化策略。

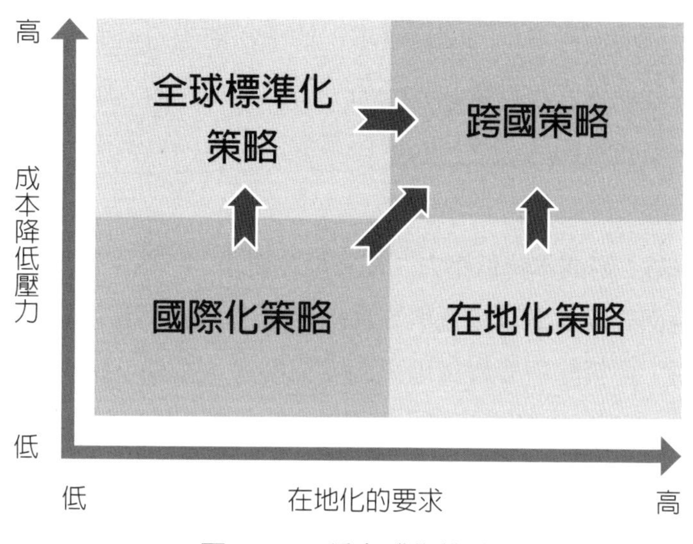

圖1.6　四種全球化策略

1. 國際化策略：低成本降低壓力、低在地化要求

這會發生在掌握新專利產品或民生必需品、很少或沒有競爭對手，或是國外市場榮景可期的情況。此時僅需注意少許的在地化行銷策略與產品設計即可，例如：符合當地政府的特殊規定、修改不同語言版本的軟體。

2. 全球標準化策略：高成本降低壓力、低在地化要求

標準化的新產品在全球仍有很大市場，但爲了開發更多的國外客戶或消費者、挽救利潤下跌，勢必要降低成本，因此採用本策略。本策略的解決方案如擴大全球經濟規模，並將價值鏈中的研發、生產與行銷等功能設置在本國或是相對有利的不同國家與地點。

3. 在地化策略：低成本降低壓力、高在地化要求

產品仍有很高的利潤，所以增加國外當地投資尚有利可圖。因應不同國度的政治／政策、經濟、社會／人文，以及客戶／消費者的偏好等，需要回應當地的個別需求，給予當地子公司或合作廠商更多決策與營運權力，重新設計產品，增加各地產品／服務的客製化與行銷差異化。因為很多功能與作業重複，所以實施本策略將額外增加成本。

4. 跨國策略：高成本降低壓力、高在地化要求

當同時面對成本需要降低與高在地化要求的雙重壓力，此時就須小心應對。此策略需要嚴謹地規劃商業模式，充分平衡本國與國外公司勢力，以及分享不同國家公司的研發成果與管理方式。簡單地說，就是承接全球標準化與在地化的優勢，而巧妙地避開該兩種策略的缺點。

即使產品一開始不太需要個別考慮客製化與差異化行銷，而且在世界各地接受度還居高不下，但隨著物換星移，新的競爭對手會加入市場，需求量也會逐漸減少，企業被迫需要面對降低成本或因應當地不同環境的情況，最終來到同時面對成本需要降低與高在地化要求雙重壓力的尷尬局面。

上文已經介紹了若干主要用於個人專斷的策略選擇方法和工具。此外，表7.6之力場分析表與圖7.8力量分析圖也都有助於策略的選擇。管理層進行決策時，面對眾多的策略（方案）可供選擇，無論是順應因果關係、遵循分析結果、聽從顧問（Consultant）的建議，或是明明遇上市場萎縮也要加強投資，這些選擇都對，也都需要時間來檢驗決策的正確性。

1.5 決策過程

圖1.7顯示一個決策過程，並可區分成若干個階段。每一個階段都可獨立完成或透過會議形式討論後，由眾人達成一致意見。討論時可以是小範圍的，只是少數人出席；或是擴大範圍，讓多數人參與。圖1.7中顯示最後由董事長或執行長個人定奪，圖1.8則是由一小群人經由協商方式進行決策的示意圖。如想以會議形式進行決策，則可參考第八章介紹的六種不同會議形式。

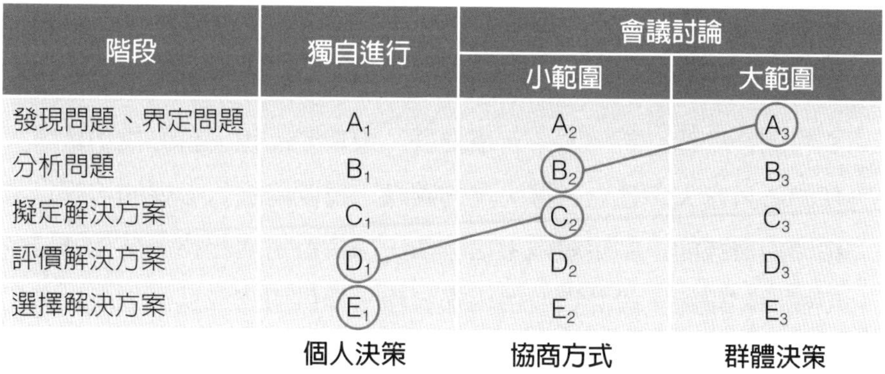

階段	獨自進行	會議討論	
		小範圍	大範圍
發現問題、界定問題	A_1	A_2	A_3
分析問題	B_1	B_2	B_3
擬定解決方案	C_1	C_2	C_3
評價解決方案	D_1	D_2	D_3
選擇解決方案	E_1	E_2	E_3
	個人決策	協商方式	群體決策

圖1.7　決策過程一（示例）

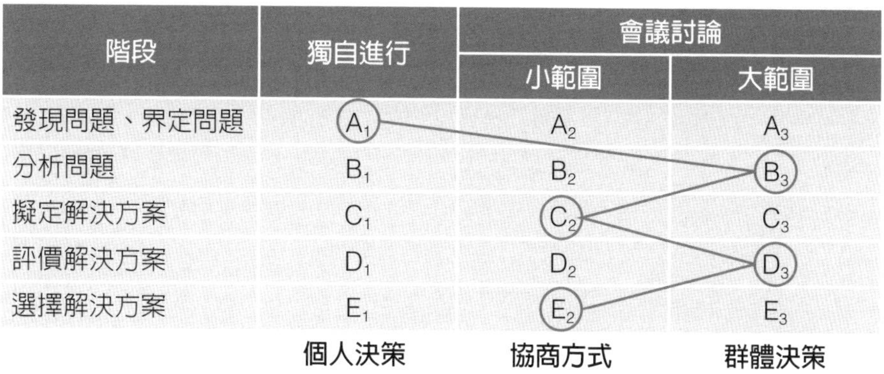

階段	獨自進行	會議討論	
		小範圍	大範圍
發現問題、界定問題	A_1	A_2	A_3
分析問題	B_1	B_2	B_3
擬定解決方案	C_1	C_2	C_3
評價解決方案	D_1	D_2	D_3
選擇解決方案	E_1	E_2	E_3
	個人決策	協商方式	群體決策

圖1.8　決策過程二（示例）

1.6 策略實施

諮詢專案在提交策略規劃報告文件後而告一段落，此時需視客戶意見，決定是否再聘請顧問公司協助策略實施。此階段需先寫出策略執行計畫，將策略分解爲戰術活動或引進某類管理資訊系統，並占用預算額度。

1.6.1 三種策略實施方式

在變革管理平臺上，遵循企業文化與歷史事件，策略實施方式有多種選擇，例如：

1. 依平衡計分卡（Balanced Scorecards，簡稱BSC）的四個構面，本方式較適合於建立新部門、新事業群，或新產品線。首先找到足堪大任的新負責人、建立合適人選的團隊、爲團隊進行必要的培訓以累積知識與技能、制定績效考核辦法、保持激情與紀律，然後遵循各項標準和規範、設計與改善內部流程，提供服務或進行生產以滿足客戶需求並提高客戶價值，最後反映在財務面的利潤增加。參見圖1.9，圖中多出兩個構面，小空格代表分解專案後的小型工作項目。可以發現財務構面只是其中的一個環節，實施期間做到賞罰分明，所以需要設計財務與非財務的績效考核指標。

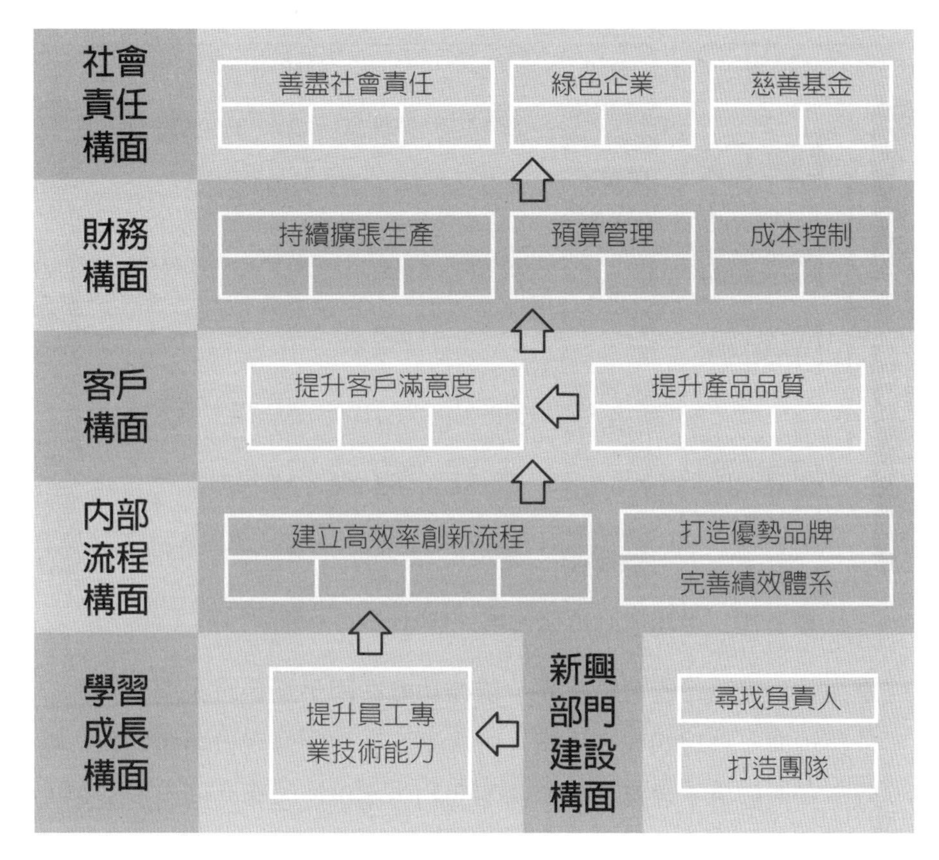

圖1.9　企業策略地圖簡例

2. 依組織架構由上而下層層分解，既有了清晰的頂層策略規劃和目標，以組織架構爲藍本，有效地規劃組織各層級各部門的（戰術）工作，展現執行力、考慮使用最佳工具、資源協調與時效限制，並確保工作之間的策略相關性，參見圖1.10。圖中假設總經理辦公室下設處（級單位），處下再設部（級單位）。

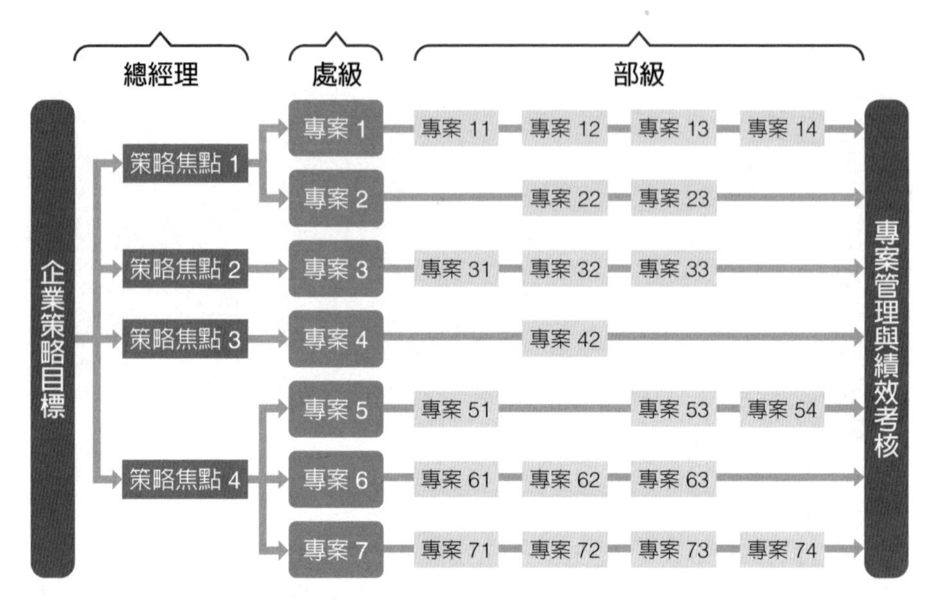

圖1.10　策略實施依據組織架構由上而下層層分解工作

3. 選出若干可執行的策略焦點，依據功能與因果關係將大型專案細分成爲短期可實現的較小專案（子專案），再由員工自願組成執行團隊認養或競爭子專案，其中跨部門的專案可能包含共同引進某類大型的管理資訊系統，而專案也可能委外，例如：供應鏈管理或精實生產體系諮詢等，參見圖1.11。

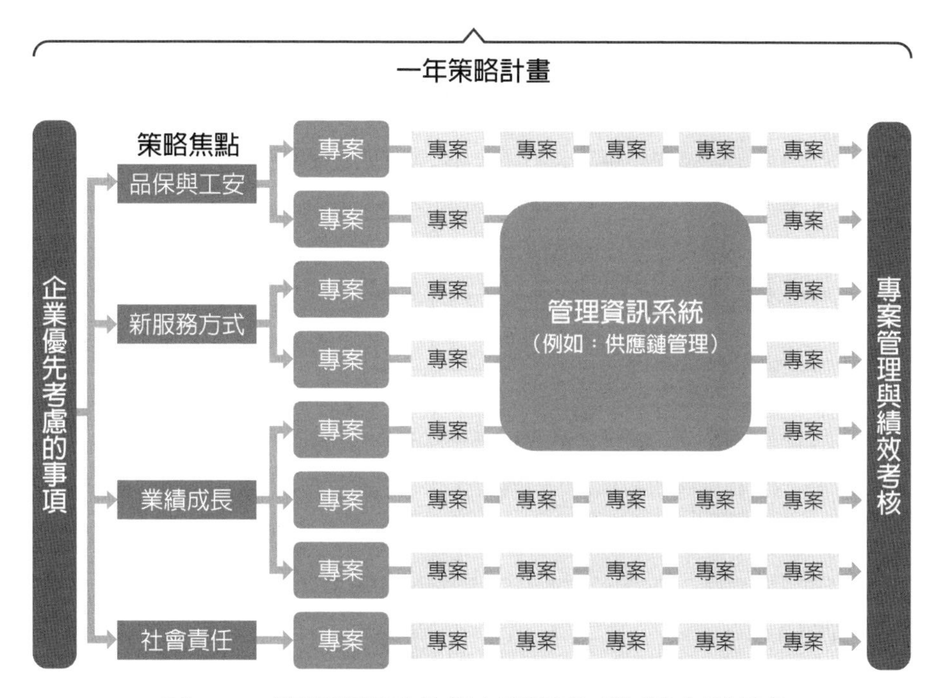

圖1.11　策略實施時分解大型專案成為較小子專案

1.6.2 年度活動循環

就一個部門而言，實施策略的專案可以和日常工作相結合（參見圖1.12），或組成臨時的專責團隊執行。員工在日常工作之餘還要負責策略專案，如果沒有額外的激勵和補償，策略的實施效果將會大打折扣，同時也會影響日常的工作效率。

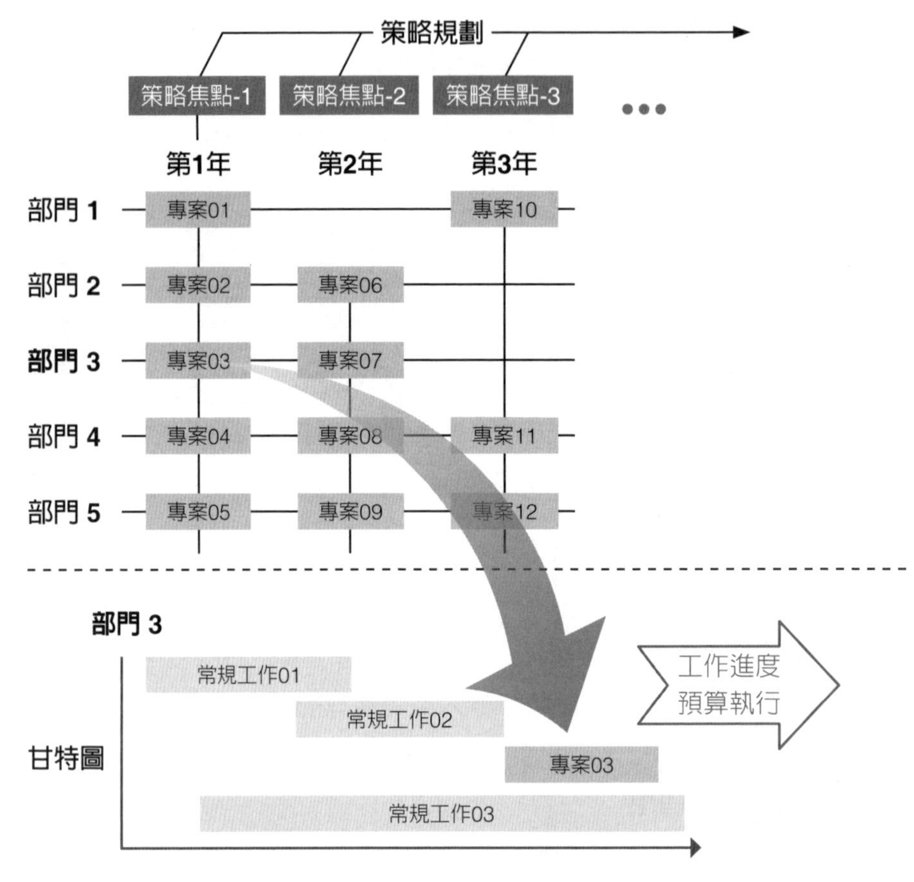

圖1.12　在部門策略專案和日常工作相結合的情況（示例）

就整體企業而言，規劃作業時需全盤考慮，可以月分爲縱軸、各相關部門名稱爲橫軸，繪出全年專案與日常工作的甘特圖（Gantt Chart）。藉由甘特圖工具進行計畫安排，確定各項事件之間的聯繫（參見圖1.13）、協調與整合各部門的行動，控制進度並統籌有限資源，以及負荷分析、避開各部門的繁忙時段，例如：會計部門的結帳和盤點時間、人力資源部門每年三月分的招聘活動。如表1.3所示的事件標籤可用於描述事件以及設計工作節奏或時序（Timing）。以上手工作業可利用PERT圖表軟體工具取代。

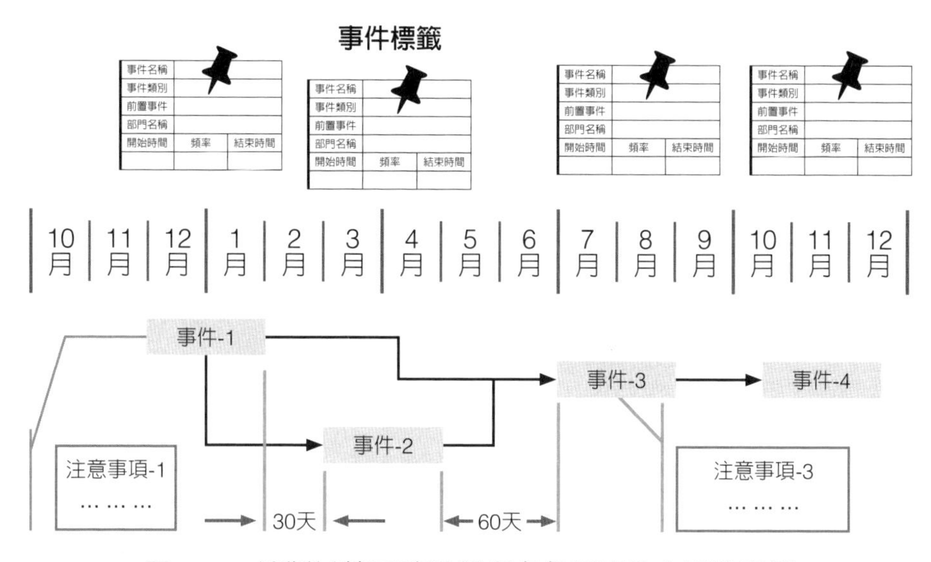

圖1.13　繪製甘特圖時通盤考慮各項事件之間的聯繫

表1.3　事件標籤

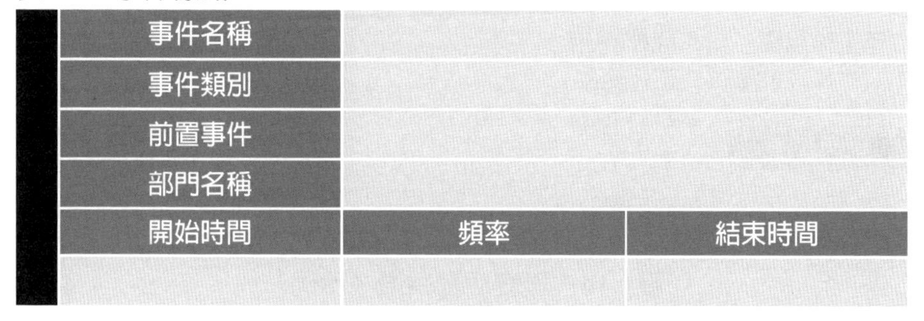

事件名稱		
事件類別		
前置事件		
部門名稱		
開始時間	頻率	結束時間

圖1.14假想一家公司的年度的高層策略管理活動，可視爲企業最高層的例行管理週期，同時也是甘特圖的特例或進階版本。中型以上的企業最好以年度爲週期並自成一個PDCA循環，每個月分都有固定的重點工作，流程化操作，在不同的階段設定里程碑而且要求一定要有產出。建立企業年度活動的循環圖表也屬於諮詢專案的範疇，形式可以是工作坊。

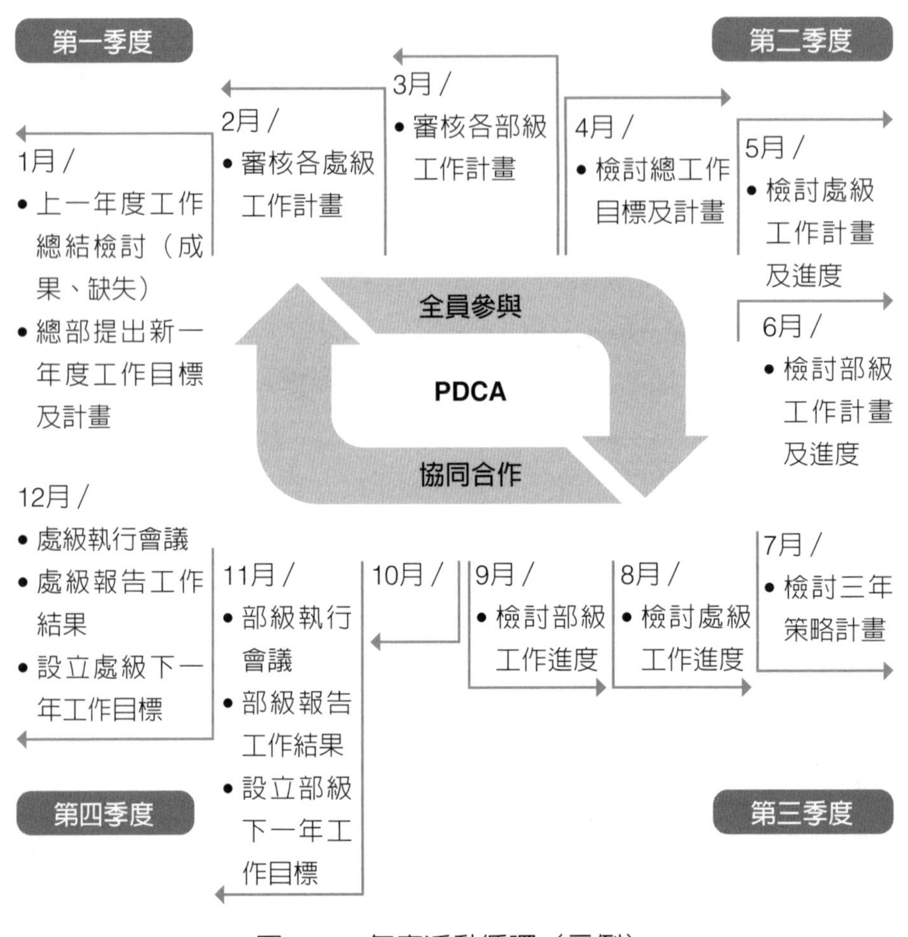

圖1.14　年度活動循環（示例）

不僅管理高層的活動，凡是每年必需在固定時間完成的事項都可設計成如圖1.14的年度活動循環（行事曆），例如：部門目標設定與員工考核。規律地依照行事曆進行每一件事，好處是形成習慣和建立紀律，因此可以明確年度工作目標和步驟、提前部署、形成工作進度的標準、編列預算、定期執行、協調各部門的行動，使工作有條不紊地進行、預測結果，以及後續的目標追蹤和調整等。可以依據下列欄位資訊收集企業內的年度活動，設定每年同期發生的事件：

◆ 事件（類別與名稱）。
◆ 目的。
◆ 產出或結果。
◆ 內容，包括：事件描述、主要組成部分。
◆ 時間（開始、結束、頻率、最佳與避開時段）。
◆ 連接關係：前置觸發事件與後續引發事件。
◆ 參與人員，包括：負責人、部門、功能、執行團隊，以及受眾等。
◆ 所需資源與限制。

1.7 三種策略諮詢服務模式

市場調研已被包裝成一商品了。顧問公司另可提供如下的三種服務模式：

1. 策略規劃模式。
2. 流程與學習模式。
3. 資源對接模式。

此三種服務模式可以分開收費，也可以與其他模式形成組合商品。前兩種模式見於策略規劃階段，第三種模式則在策略實施階段時使用。

一般顧問公司都自行研發出一套獨特的、可產出策略的模式。在瞭解甲方公司文化、高層意圖，以及研究企業客戶內部情況與問題後，指出企業本身在整體產業結構中所占據的位置。對企業來說，策略規劃的內容很可能是建議新的技術／產品、進行文化革新，或是引進一套資訊系統。有些顧問公司有意無意地會將甲方引導到自己熟知的領域或早有準備的資源。一來顧問公司比較熟悉這個領域，二來以便在甲方策略實施時導入強項資源與人脈。

對於企業而言，策略實施是一項重大的變革。一個有完善制度的公司，最好每年配合預算管理進行一次策略體系活動，並每半年微調一次。通常企業主在面臨下列情況時，才會思考引進或實施策略管理，如下：

◆ 企業上下對策略的理解不一致。
◆ 缺乏策略管理相關知識。
◆ 不知如何制定策略方案。
◆ 不知如何實施策略管理。
◆ 激勵制度與策略嚴重脫節。
◆ 發生重大事件，無法做出相應的調整。
◆ 剛剛空降時新總經理想要迅速掌控企業。
◆ 業務逐年下滑而且不知道原因。
◆ 同業競爭激烈。

1.7.1 策略規劃模式

這是三者之中最常見的諮詢專案。首先提供市場調研報告，繼而進行策略分析，期中提交策略分析報告，最後才提交策略規劃報告。顧問公司可直接進行市場調研，或向專門的經濟與產業研究機構購買市場調研報告，以節省人力與時間。若甲方仍然願意繼續合作，接著是策略分解與實施專案。

1.7.2 流程與學習模式

符合下一章節所述的學習學派與設計學派理論，為管理高層設計並提供領導力（Leadership）課程。第八章講述了六種不同的會議形式，其中工作坊比較合適用於課程培訓。可提供的課程如下：

◆ 策略管理。

◆ 變革管理（詳見第七章）。

◆ 企業文化（詳見第五章）。

◆ 企業管理體系評估（詳見章節2.5.1）。

◆ 會議形式與流程（詳見第八章）。

1.7.3 資源對接模式

考慮客戶的競爭優勢，顧問公司提供自身的資源與人脈對接客戶。對甲方企業來說，顧問公司提供的是周邊資源。企業應該有能力將此資源盡快轉化成基礎資源或核心資源，形成新一輪的競爭優勢。以下是這兩種資源的解釋：

◆ **基礎資源：**企業日常經營需要使用到的資源，例如：ERP系統。

◆ **核心資源：**突顯企業差異化與核心競爭力的重要資源。

好的資源需具獨特性、不可再生、難以被複製或模仿、不可替代性、可持續一段長時間，以及對企業本身可及但對市場競爭者卻是難以獲得。

1.8 十大策略學派

加拿大管理學大師亨利．明茲伯格（Henry Mintzberg）將策略形成理論分類成十大學派。貫通這些學派，基本上可以概括策略形成的全貌，並足以運用於各種策略諮詢業務。現依據出現的先後順序列舉並簡述如下：

1.8.1 認知學派

認知學派（The Cognitive School）認爲：現實中執行長需要在市場訊息不易取得的情況下，依靠個人的認知、經驗與膽識，主觀地決定公司未來的發展方針。依據實際經驗，執行長進行決策時大都憑藉的是個人的膽識，而非認知與經驗。

1.8.2 企業家學派

企業家學派（The Entrepreneurial School）則以公司的使命、願景與價值觀爲策略指導依據，因應瞬息萬變的市場環境，以及企業內部狀況，隨時調整或變更策略。

1.8.3 設計學派

設計學派（The Design School）匹配外在市場情報與企業內部的優缺點後，進行策略分析與擬定對策的頂層設計。設計時使用像SWOT分析法這樣的工具，列舉企業的優劣與強弱後謀求一個清晰的對策。詳見章節2.6（SWOT分析法）的說明。

1.8.4 學習學派

學習學派（The Learning School）則透過組織學習，從組織架構的基層到上層，從分公司到總公司，以「海納百川」的方式匯集衆人的資訊與智慧而成策略，並不斷在嘗試錯誤中尋求最佳的解決方案。

1.8.5 計畫學派

計畫學派（The Planning School）提議：依照一定的流程，最終制定出策略。此流程屬於商業智慧（Business Intelligence）或知識商品，顧問據此執行策略諮詢業務，或編列領導力課程以培訓甲方高層的管理者。

1.8.6 文化學派

文化學派（The Cultural School）強調：企業文化或集體意識決定一家公司是否需要策略管理、以何種方式進行策略管理。反過來說，策略實施所進行的一系列變革也會影響企業文化的走向。策略的規劃與實施都需兼顧企業文化，不同的企業文化類型都有其較適用的策略。

1.8.7 權力學派

權力學派（The Power School）主張：企業內利益相關者（Stakeholder，部門或個人）行使權力，在各方衝突與妥協下，平衡各方權益而產生的策略。就整體產業而言，在公共關係的運作下，企業在競爭對手、其他廠商、供應商、經銷商及客戶等的支援與制約下形成策略。

1.8.8 結構學派

一般而言，企業的生命週期分爲初創期、成長期、成熟期與衰落期四個階段。結構學派（The Configuration School）認爲：企業在每個特殊階段都有其合適的策略，如本章節所列舉之其他學派中的一種策略或多種學派策略的組合。

1.8.9 定位學派

定位學派（The Position School）使用像五力分析（Porter Five Forces Analysis）與波士頓矩陣這樣的分析工具，較適合競爭情況相對穩定的行業，例如：傳統與醫療行業。以整個產業爲觀察視角，注重眞實資料，瞭解企業本身的競爭能力與相對的市場吸引力，從而投入目標市場（Targeting）並進行市場定位。

1.8.10 環境學派

環境學派（The Environmental School）認爲：企業受大環境衝擊下被動形成策略以適應新的變局。例如：數位化革命（The Digital Revolution）來襲，各企業紛紛引進資訊系統以進行轉型。又如：迫使原先製造傳統拍照用底片的公司進入醫療影像設備事業領域。

綜括上述的各學派策略形成理論，有的適用於個人專斷，另有的由群體共立；有的適用於管理層，另有的適於公司各層級一起完成。各學派的策略讓很多實踐有了理論基礎，但現實的策略不是只有非此即彼，而是多種學派以不同側重比例組合而成，甚至在實務上還會有新穎的策略形成方式，例如：情境規劃（Scenario Planning）。企業的生存與發展是在嚴酷的競爭下進行的，制定或選出策略是個嘗試錯誤過程，由後續的經營結果判定成敗。高階經理人如一直制定出正確的策略，幫助企業渡過難關或增加營業利潤，等待他的將是步步高升與豐厚紅利。反之，一個重大的錯誤策略將面對的是離職，甚至是身敗名裂。

第二章

市場調研與分析工具

就定義而言，市場調研是有針對性、設定某一時空背景、存在特殊目的與用途，有系統地進行一系列蒐集、調查和記錄有關某一行業的市場行銷訊息和資料，內容包括但不限於整體行業所處的大環境，如：政治與政策、經濟、社會與技術等構面，以及整體行業和企業（含機構）內部（優勢與劣勢）現況等。

運用科學方法與管理工具，針對掌握的情報和資料，加以整理、統計、分析、繪製圖表，審視企業本身的技術與業務能力，並尋求對市場現況的解釋，以及對企業的影響（機會和威脅），預測市場未來的發展趨勢，而後形成知識與商業智慧，再編寫成一份完整的文件報告和投影片簡報（PowerPoint, PPT）檔案。相關的諮詢事項就是將上述步驟依序執行的一個過程，同時市場調研是策略規劃、商業計畫書（Business Plan）、融資計畫書、可行性分析（Feasibility Analysis）與行銷計畫（Marketing Plan）等的前置作業。擁有精確的市場訊息、研究和分析方能產出一份好的行銷計畫。反之，行銷計畫就會建立在一些臆測上。

市場調研是企業觀察外部環境的一種方式，其目的可以是爲策略規劃做好基礎工作，或是爲新產品創造一個有利的銷售環境。制定行銷策略前必需瞭解市場規模和市場區隔，市場中有哪些競爭者？有多少潛在買家？他們如何劃分爲不同的消費群組？他們的購買力爲何？預估需求量是多少？他們會選擇哪種產品或產品組合？本章內容是策略規劃（參見第一章）與行銷流程（參見第三章）的「引路者」。下文中將有系統地介紹市場分析工具、市場調查的定性（Qualitative）與定量（Quantitative）方法，最後提供一份策略方案報告的模板。

2.1 市場分析工具概論

如圖2.1所示，市場研究的分析工具首先由外而內區分出如下四種：

1. **宏觀的外部環境**：外部環境分析的工具通常是PEST分析。
2. **整體行業生態圈**：波特的五力分析用於瞭解行業生態。
3. **現有的同業競爭**：競爭者分析表（參見表2.2）、市場分布圖（Market Map，參見圖2.3），以及市場增長示意圖（參見圖2.4）等。
4. **企業的內部營運**：以波士頓矩陣爲代表。

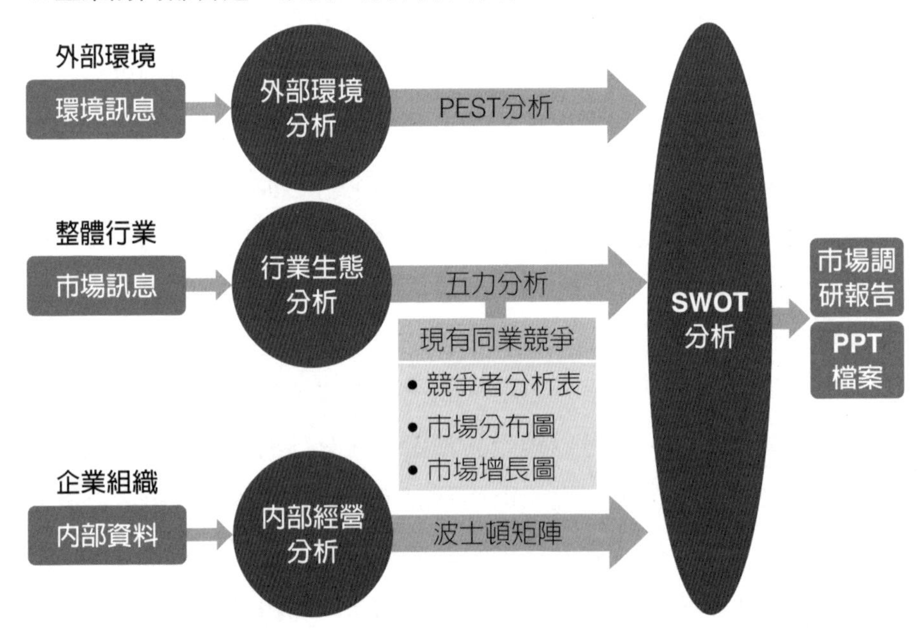

圖2.1　用於市場研究的分析工具

充分掌握並彙集各種市場與企業內部的訊息後，接下來進行SWOT分析。之後，整合與處理有效資料，提煉出量化和貼近事實的資訊，以及解釋現象並預測未來，再寫出一份圖文並茂的市場調研報告。

2.2 外部環境分析工具

PEST分析模型是宏觀環境分析的一種有效工具，分別從政治（Political）、經濟（Economic）、社會（Social）與技術（Technological）四種環境或因素剖析與瞭解特定行業的周邊環境，收集相關資訊時需齊全。圖2.2顯示這四種因素的箭頭進入並影響由波特五力分析所假想出來的生態圈，這四種因素不受此生態圈內任何方框所屬的力量所控制。換言之，在進行波特五力分析時，他們是需要先參考的背景條件。圖2.2還顯示政治（政策）因素對新進者的威脅具較強的關聯性，以及新技術將很可能帶來代替品的威脅。下文以市場調研報告的角度介紹本分析工具。

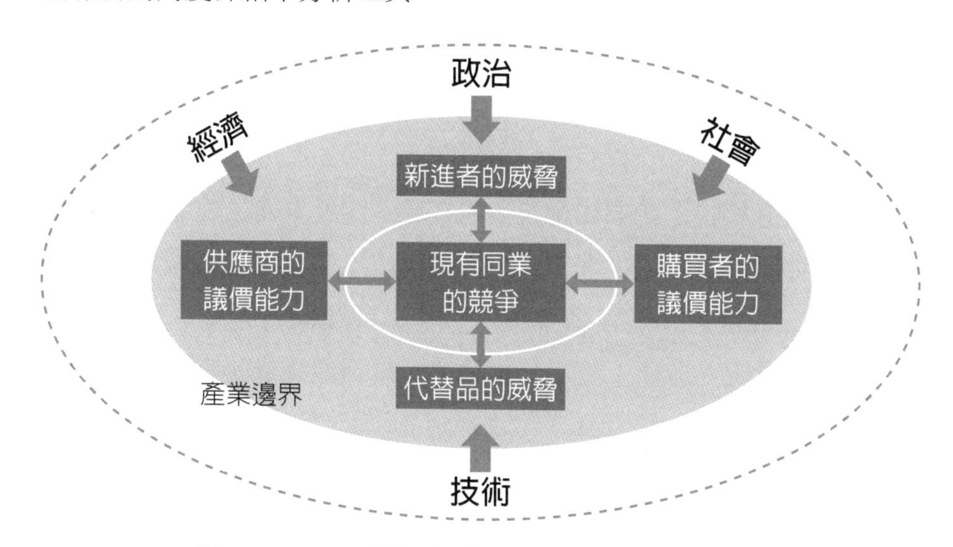

圖2.2　PEST分析與波特五力分析的關係略圖

2.2.1 政治環境

敘述並分析特定產業或企業與政治大環境的關聯性，以及如何受政治大環境的影響。所需準備資料如國家與財經部門的政策公告、環保與安全規章、國際貿易與租稅協定，法律以及地方政府和工會相關規定等。累積並追蹤多年的相關訊息，可以知曉政府對特定產業的發展意圖、政策趨勢與歷史軌跡。

2.2.2 經濟環境

敘述並分析特定產業或企業與經濟大環境的關聯性，以及如何受經濟大環境的影響。所需準備資料如關於財經訊息的各類統計年鑒，以及當地產業狀況等資料，例如：

- 國家與縣市的產業訊息。
- 第一產業、第二產業與第三產業分別的規模與比例。
- 國內生產總值（Gross Domestic Product，縮寫：GDP）、人均GDP。
- 基尼係數（Gini Coefficient）。

研讀這些資料，可以理解經濟結構、產業經濟狀況，以及民眾的富裕程度等。

2.2.3 社會環境

敘述並分析特定產業或企業與所在地區的社會及人文狀況，所需準備資料如民政資料等。理解當地族群組成、宗教信仰、城市建設、人口結構（性別、年齡、教育程度）、人口變動（遷徙、出生、死亡）、財務狀況（收入、支出與儲蓄），以及產業或企業本身的目標客戶群的差異性等。

2.2.4 技術環境

敘述分析目前特定產業或企業與外在環境（如其他產業和國內外）的技術構面。所需準備資料如產業或企業現有的技術與設備，以及相關媒體、期刊記載或報導的最新相關技術與設備等，以便理解當前企業技術構面發展與外在環境的差距。依據實際經驗，很多新技術的傳言來自不同形式的名流聚會。

2.3 整體行業生態圈分析工具

圖2.2中第二個橢圓代表某一個產業，現實裡產業的邊界並不清晰，而且是動態變化的，企業主與高階經理人應有辦法確定產業的邊界。同一家公司很可能需要面對多個產業，舉例來說，電腦組裝本身是一種產業，而電腦的關鍵零組件包括中央處理器、繪圖卡、作業系統、硬碟、螢幕、鍵盤與滑鼠等，每一種關鍵零組件又都至少涉及一種產業。

波特的五力分析屬於競爭地位的定性評估工具，可幫助企業瞭解產業現況、整體行業的競爭強度和盈利能力，也可用來進行企業的自我體檢。「五力」指的是：

1. 現有同業的競爭。
2. 新進者的威脅。
3. 替代品的威脅。
4. 供應商的議價能力。
5. 購買者的議價能力。

其中的新進者與代替品對現有整體產業較具威脅性。面對供應商時，企業是買方，但同時也是購買者的賣方。當角色互換時，企業需要換位思考。

圖2.2中心小圈內的方框代表這個產業裡的所有同行企業與組織，自成一個生態圈。每當一家新企業決定進入這個市場，相關客戶必需在這家企業與其他競爭對手之間做出選擇。周圍的四個方框試圖改變現有內圈市場的現況，而新加入的競爭對手或其他代替品將奪走原賣方的權力。

2.3.1 現有同業的競爭

就經濟學而言，市場類型有壟斷、壟斷競爭、寡頭壟斷和完全競爭四種。除了壟斷市場僅有一家廠商外，企業處於其餘市場類型都需依據自身條件發展出一套合縱連橫的策略。另外，同業之間也會築起保護屏障以互相牽制。即使一家企業壟斷整個市場也無法高枕無憂，除了要有盛極而衰的危機意識以外，還應隨時注意潛在競爭者進入，以及替代品的威脅。企業可以保持領先但最好不要將同行趕盡殺絕，至少保留一兩家可形成「鯰魚效應」。

市場是否過於集中或行業是否處於增長期，這些因素決定了市場的競爭強度。一般而言，軟體產業與科技產業具較高的競爭強度。就算是完全競爭的市場，也會因為距離限制而形成地理區隔，例如：超商。不同的產業生態圈都有其生命週期，都會歷經草創、茁壯、成熟、衰落與消失等階段。依不同產業別，此生命週期長短不一而足。

競爭對手是多樣性的，尤其要重視在相同市場區隔裡同等級的競爭對手。同業之間是競合關係，企業需瞭解彼此間的優勢與劣勢，以及產業競爭的決定性因素。波特的三大基本策略將有助於提升企業在同行之間的競爭力，參見章節1.3。隨時留意同業的人員變動、行銷力度（含廣告費用水準）與營運狀況（含退場機制），這些情報有助於企業制定更精準的市場策略。股票分紅與期權是留住核心員工的好辦法，以避免被同行惡性挖角。

2.3.2 新進者的威脅

新進者、潛在競爭者、員工離職後創業、向前發展的供應商，或是更換新經營者的同行對企業都具有威脅性。整體產業將自然而然形成一致對外而且逐漸墊高的進入壁壘。當市場規模仍有成長空間，有利於新競爭者的新政策或新法規公布，就會有新的資本趁機並憑藉優勢進入市場。尤其要注意國際知名品牌的大軍壓境，現有整體產業很可能遭遇到空前浩劫。因此，企業遇新進者的威脅時，如欲採取對抗行動，可實行危機處理，例如：價格戰。即使處於歲月靜好的年代，仍需注意下列幾個要素：

- 絕對的成本優勢。
- 高性價比（即高CP值，Cost Performance Value）。
- 獨有的產品差異。
- 規模經濟。
- 品牌標識（Logo）。
- 客戶的需求與轉換成本。
- 充裕的資金。
- 產品多角化或多分銷管道。

2.3.3 替代品的威脅

如果有潛在的技術、產品與服務可以替代，企業需要考慮如下現象或事件：

◆ 新技術的發明。
◆ 替代品的性價比或價格。
◆ 替代品具差異化優勢。
◆ 買方偏好替代品。
◆ 買方轉換代替品的成本低。
◆ 替代品是熱銷產品。

2.3.4 供應商的議價能力

供應商的議價能力體現出其綜合能力。供應商提高原料或成品的售價，至少將增加企業產品或服務的成本。基於供應商管理，企業平時應做好知己知彼的情報工作，一旦遇到供應商引發的風險時，即可迅速回應。維持少量自主研發與自製能力，或是維護一份供應商備選名單，可免受現行合作供應商的牽制。企業可應用供應鏈管理（Supply Chain Management，簡稱SCM）系統進行供應商管理。需要收集與考慮的資訊和要素如下：

◆ 輸入原料、半成品或成品與其他供應商的差異。
◆ 是否存在替代品？
◆ 供應商集中度，提供相同料件的供應商數量是多少？
◆ 供應商對我方的評價與依賴度爲何？
◆ 供應商對採購數量敏感嗎？
◆ 集中採購可降低成本嗎？
◆ 供應商提高價格的主因是技術下降或原物料漲價？
◆ 供應商的品牌價值。
◆ 更換供應商所產生的轉換成本。
◆ 協助供應商改善生產流程可行嗎？
◆ 供應商有可能向前發展爲品牌商或服務商而變成競爭對手嗎？

2.3.5 購買者的議價能力

簡單地說，就是一般消費者或客戶討價還價的技能，包括：挑選高品質的、壓低價格、索取贈品、威脅終止交易，以及利用其他廠商與產品競價等。章節3.9.6講述可利用攻防戰訊息表以提升銷售員的能力。對於企業型的客戶，可應用客戶關係管理（Customer Relationship Management，簡稱CRM）系統，以提高營運效率。巨量資料（或大數據）與人工智慧（AI）技術可以用來分析與預測消費者的購買行爲。購買者的議價能力愈強，賣方的權利就愈小。當存在以下情況時，購買者的議價能力就會凌駕賣方之上：

- ◆ 購買貨物的數量超過賣方的庫存。
- ◆ 整體交易售價占買方很大一部分的成本。
- ◆ 產品同質性太高。
- ◆ 購買者可以輕易地更換賣家。
- ◆ 因爲這筆交易的獲利不多。
- ◆ 購買者可以與供應商合作以自製產品。
- ◆ 購買者對產品的品質要求不高。
- ◆ 購買者擁有對等的資訊。

2.4 現有同業競爭的分析工具

大家都知道「知己知彼，百戰不殆」的道理，企業需要隨時留意同業的經營動態與人員流動，掌握不同維度的市場訊息，尤其是在競爭非常激烈的產業。本章節將介紹幾種簡單的分析方法，藉此瞭解我方公司與競爭對手的核心能力與經營狀況，以便尋找出彼此的機會與威脅，並產出我方公司最有利的競爭策略。如果顧問公司承辦過多家同類型公司的員工滿意度調研工作，掌握的資料是同業競爭分析的珍貴材料。

2.4.1 競爭者分析表

可以將同業區分成業內標竿、直接競爭對手、間接競爭對手，與互補關係四種類型，每一種類型再細分成現有與潛在兩個部分，之後再繪製成一覽表，以便識別產業內所有的同行與分類，參考表2.1。實際操作上，還可以利用不同顏色標示出不同的產品、技術或地區的競爭者。直接競爭對手表示在同一市場銷售，或提供與本公司具有相同或相近的產品或服務；間接競爭對手銷售或提供可替代的產品或服務；互補公司對本公司的產品或服務具有促銷或搭配效果。利用如圖7.6可以快速觀察市場中的主要參與者，以及競爭者如何相互作用和影響。

表2.2列出細項比較我方公司與其他競爭者的優勢與劣勢，其中的數字從5到1，分別代表由強到弱的五個等級。實際操作上，將發現競爭對手的內部資料取得不易。

表2.1　同業競爭者分類一覽表（示例）

	業內標竿	直接競爭對手	間接競爭對手	互補關係
現有	公司名稱A	公司名稱C 公司名稱D 公司名稱E 公司名稱F	公司名稱K 公司名稱L 公司名稱M	公司名稱Q 公司名稱R 公司名稱S 公司名稱T
潛在	公司名稱B	公司名稱G 公司名稱H 公司名稱I 公司名稱J	公司名稱N 公司名稱O 公司名稱P	公司名稱U 公司名稱V

表2.2　競爭者分析表（示例）

比較維度	本公司	競爭對手1	競爭對手2	競爭對手3
決策管理	4	4	4	3
無形資產	4	3	2	1
財務成本	5	4	2	1
人力資源	4	3	3	2
研發能力	4	3	3	2
市場份額	4	4	3	4
供應廠商	2	3	4	3

2.4.2 市場分布圖

市場分布圖用於顯示企業在各個市場區隔或產品線的市場份額（Market Shares，也稱市場占有率），競爭情況上下立判，還可進行排名，參見圖2.3。假設這是某年某城市四種汽車的市場分布狀況，縱軸是各家企業的市場份額或市場占有率，橫軸代表不同種類的汽車，依據全年銷售額排序，圖上端記錄每一種汽車全年的總銷售額。

依照有效資料和實際操作經驗，市場可以通過多種變數進行分析。章節3.4將詳細介紹可區隔市場的一些變數。根據實際需求和掌握到的資料，從中選出最適宜企業使用的分析對象，並決定分析的深度與廣度。本工具可用多個圓餅圖代替。

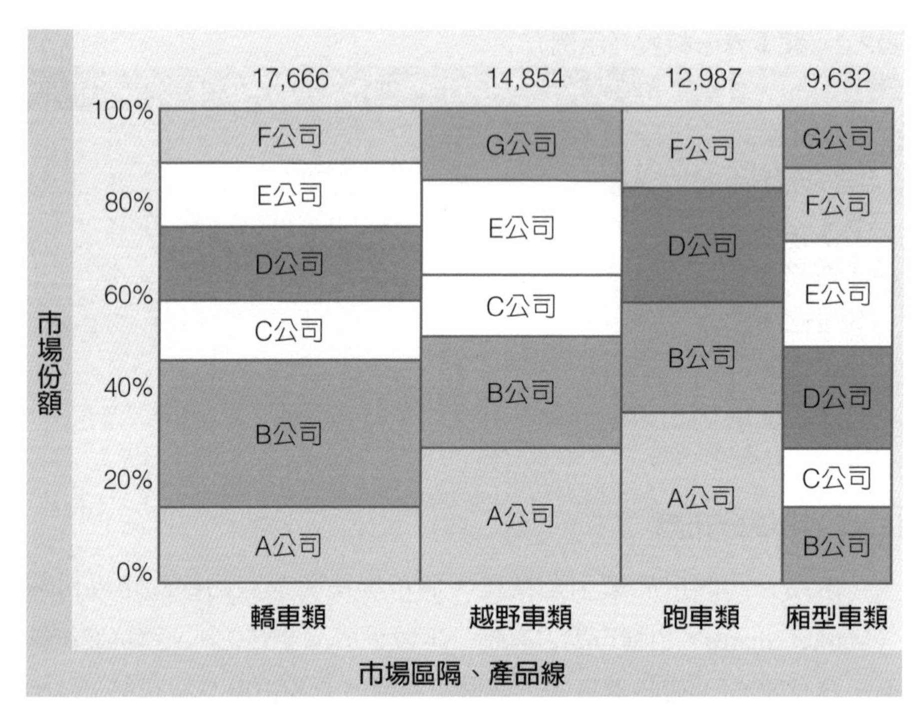

圖2.3　市場分布圖（示意圖）

2.4.3 市場增長圖

假設某地區某產品由四家公司分別瓜分市場，圖2.4顯示近三年這地區此類產品之間的銷售軌跡，可以從中比較各家產品的銷售額，追溯過去可以預測來年產品增長的趨勢以及總銷售額。此處改用長條圖或圓餅圖一樣可以達到相同的效果。

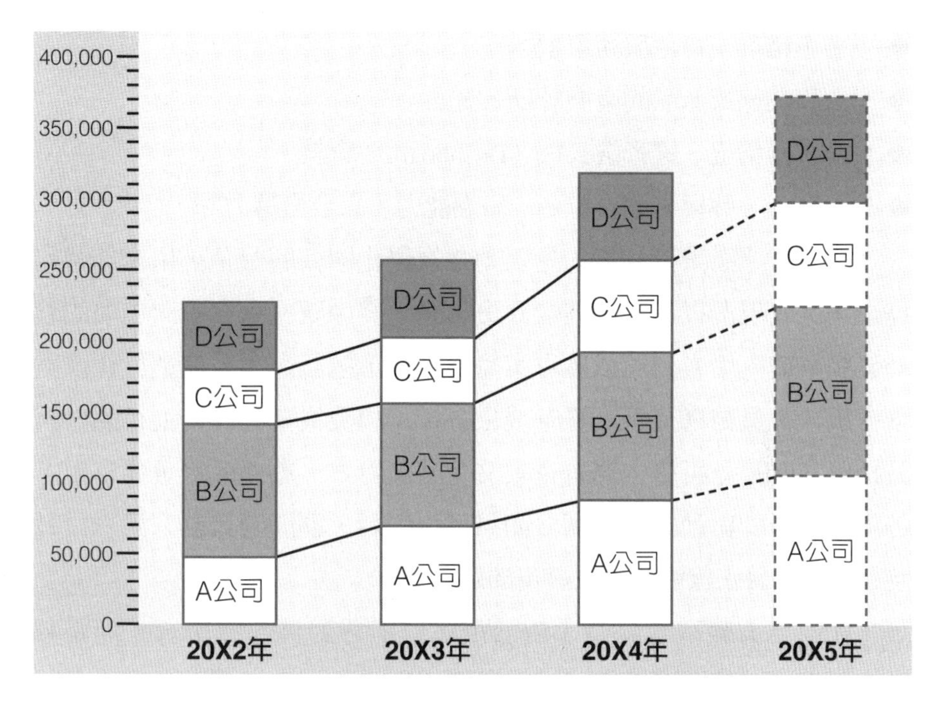

圖2.4　市場增長示意圖（20X5年為預測值）

2.5 企業內部經營分析

當進行企業內部經營分析時，顧問主要需下列訊息：

- ◆ 企業文化，企業的使命、願景與價值觀。
- ◆ 企業歷屆（或近三年）的策略規劃報告。
- ◆ 組織結構、員工名單、經營者、主要利益關係人。
- ◆ 員工滿意度。
- ◆ 客戶滿意度、淨推薦指數（Net Promotor Score，簡稱NPS）。
- ◆ 業務與財務資訊。

◆ 主要事業群、特色服務事項。

◆ 未來事業線或產品的發展計畫。

◆ 企業經營情況、經營儀表板（Dashboard）資料。

◆ 無形資產：聲譽、業界排名、研發能力，以及影響力等。

上述之「儀表板」指的是互動式視覺化圖表的螢幕，用來即時監控企業經營現況以及查詢經營歷史資訊，其中資料來自企業主要的管理資訊系統。甲方公司依據專案需要提供上述訊息，方便進行企業背景分析、人員結構分析、經營成果分析，以及從會計角度進行的財務分析與非財務分析等。遇有企業文化諮詢專案，顧問或許會要求甲方提供室內設計與動線規劃圖。如果可以的話，顧問應入駐公司一段長時間，才能眞正瞭解企業並發現問題所在。

在向甲方索取資料時，由於很多資料非對接部門所有，而是分散在人力資源處、財務處或管理資訊系統處，顧問通常會遇到交付延遲、阻礙與抗拒，此時就需要顧問高超的「人際關係」手腕了。利用如圖7.6所示的影響圖，可以幫助顧問快速瞭解甲方公司內部的權力分布、業務來往與人際關係等訊息。

正確索取資料的做法是在合約裡規定清楚，由甲方的一位高層管理者負責協調工作。顧問只能間接從對接人員取得資料，不能介入公司內部直接向有關部門索取資料。實施問卷調查時，允許以匿名方式進行，需配合公司內部的工作環境氛圍，照顧員工心態並確保個人工作不受影響，以不干擾員工作息並獲得眞實資料爲原則。

2.5.1 企業管理體系評估問卷

表2.3是一份實用的企業管理體系評估問卷，適用於業績導向類型的企業，以匿名方式進行但非隨機發放，將企業管理體系區分成四大

類、八小類（維度），以及32道問題。另外，在問卷前端加上針對填寫人身分的三道基本資料必選題，分別是組織級別、工作性質與是否擔任主管職，以便瞭解答題人員所屬的群體。藉由表2.3，顧問可以快速分析並瞭解一家公司的管理概況與成果、企業文化，以及員工對企業的滿意度。

表2.3　企業管理體系評估問卷

企業管理體系評估問卷

為了全面瞭解企業現況，特製作本問卷。請根據您的實際情況作答，不要遺漏任何一個問題，以確保本問卷答題的完整性。本問卷採取匿名方式填寫，其資料僅作為統計研究及完善企業策略方案之用，並做到嚴格個資保密，請安心作答，感謝您的參與及配合。

第一部分 基本資料

1. 組織級別：□總部　□處級　□部級
2. 工作性質：□管理人員　□研發人員　□技術人員　□測試人員　□行政人員
3. 擔任主管：□是　□否

第二部分 問卷內容

請分別針對同意程度進行作答以下問題，極為同意至不滿意依序為5～1分進行作答。

策略體系		同意程度 極為同意 ⟷ 不同意				
策略規劃		5	4	3	2	1
1	企業擁有明確的目標、願景與價值觀，並且已經在內部傳達公司未來的發展策略	☐	☐	☐	☐	☐
2	企業每年都有一到若干項工作重點，大部分員工都理解這些重點工作對於實現企業使命和未來發展具有策略性意義	☐	☐	☐	☐	☐
3	員工都明白公司策略性工作的評價方法和績效目標	☐	☐	☐	☐	☐
4	企業擁有一套健全的策略管理流程，包括：市場訊息和調研、策略規劃與設計、策略分解及實施等	☐	☐	☐	☐	☐
策略實施						
5	企業最高主管週期性地或固定時間組織一系列前瞻性活動，例如：策略規劃、預算管理與組織變革等	☐	☐	☐	☐	☐
6	企業明確指派某一高層主管，帶領策略規劃工作，並對結果負責	☐	☐	☐	☐	☐
7	企業每年的策略規劃都會被分解為可衡量的年度工作目標、行動方案及各類活動	☐	☐	☐	☐	☐
8	企業管理層會組織定期例會，討論階段性目標和業務工作上的進展情況，並對工作進展進行即時回饋和調整	☐	☐	☐	☐	☐

人才體系		同意程度 極為同意 ⟷ 不同意				
人才管理		5	4	3	2	1
9	大部分員工都有自己的年度工作目標和計畫，而這些工作目標和計畫是明確的、可衡量的，並與企業所制定的策略目標一致	☐	☐	☐	☐	☐

人才體系		同意程度 極為同意　不同意 ←→				
人才管理		5	4	3	2	1
10	企業有正式的職業發展規劃工作，並會輔助員工進行職業生涯規劃	□	□	□	□	□
11	年初時，頂頭上司會與員工一起設定該年度工作目標及計畫，這一計畫將是年尾時對員工績效評定的主要依據	□	□	□	□	□
12	企業的現有人力資源發展計畫與企業的業務策略規劃相吻合	□	□	□	□	□
人才發展						
13	年初時，部門主管會根據員工的工作目標和發展需求設計一整年的學習和培訓計畫，並且給予必要資源	□	□	□	□	□
14	除了業務技能外，員工也能從直接上司身上，看到領導能力，如溝通技巧、績效評估，與即時回饋等	□	□	□	□	□
15	企業有正式的對現任管理者及管理儲備幹部的領導力考核及評估活動	□	□	□	□	□
16	員工對未來的職業生涯規劃純屬個人行為，並非企業的正式工作	□	□	□	□	□

文化體系		同意程度 極為同意　不同意 ←→				
企業文化		5	4	3	2	1
17	員工能夠隨時獲得有關企業文化和價值觀的訊息和回饋	□	□	□	□	□
18	企業現有文化及價值觀的體現可促使員工提高對企業的忠誠度	□	□	□	□	□

文化體系		同意程度 極為同意 ←→ 不同意				
企業文化		5	4	3	2	1
19	從企業中很多重要職位的人身上能夠看到企業總體的文化和價值觀	□	□	□	□	□
20	企業從多方面去評價員工體現價值觀的行為，大部分的員工也都清楚企業的價值觀所鼓勵的行為模式	□	□	□	□	□

文化體系		同意程度 極為同意 ←→ 不同意				
文化管理		5	4	3	2	1
21	人力資源部門的現有體系和資源能夠在企業中進行文化建設，以推動重視企業文化的活動和宣傳	□	□	□	□	□
22	從企業中的設施、流程中能看到企業文化和價值觀的體現	□	□	□	□	□
23	工作中價值觀的體現是企業給予員工激勵（認可、獎勵等）的標準之一	□	□	□	□	□
24	對於不符合企業文化與價值觀的員工，企業會給予明確的處理	□	□	□	□	□

經營體系		同意程度 極為同意 ←→ 不同意				
績效提升		5	4	3	2	1
25	企業會定期評估現行的管理與生產方法，以便能夠提高產品品質與作業效率，並持續進行改善	□	□	□	□	□
26	企業各級主管都在努力跟進並推動提高業績與工作效率	□	□	□	□	□
27	員工能夠獲得授權、發揮潛能，負責改善作業流程，為部門帶來效益	□	□	□	□	□

經營體系		同意程度 極為同意　不同意 ←→				
流程改善		5	4	3	2	1
28	企業管理層能夠利用預算管理與成本控制等方法，有效地監督、鼓勵和維持有益於績效提升的活動	□	□	□	□	□
29	企業中的很多關鍵流程持續得到改進，減少精實生產中所列舉的七大浪費	□	□	□	□	□
30	企業定期開展各種溝通與交流活動，將發展目標、最佳實踐（Best Practice）以及案例等與團隊人員分享	□	□	□	□	□
31	員工得到專業流程改善的標準培訓，例如：全面品質管理、精實管理、六西格瑪（6 Sigma）等，並且運用這些所學工具改善企業服務和提高經營效率	□	□	□	□	□
32	員工在日常工作中經常能發現可改善產品和服務品質的方法	□	□	□	□	□

2.5.2 美國波多里奇國家品質獎

波多里奇國家品質獎（The Malcolm Baldrige National Quality Award，簡稱MBNQA）是美國國會於1987年設立的一個獎項，頒發給追求卓越的企業與組織。圖2.5顯示獎勵標準的架構與七大模組。在領導力的作用下，盡量做到全員參與，形成系統化管理。每一模組互相協同，各個模組內的各項活動也需互相配合。

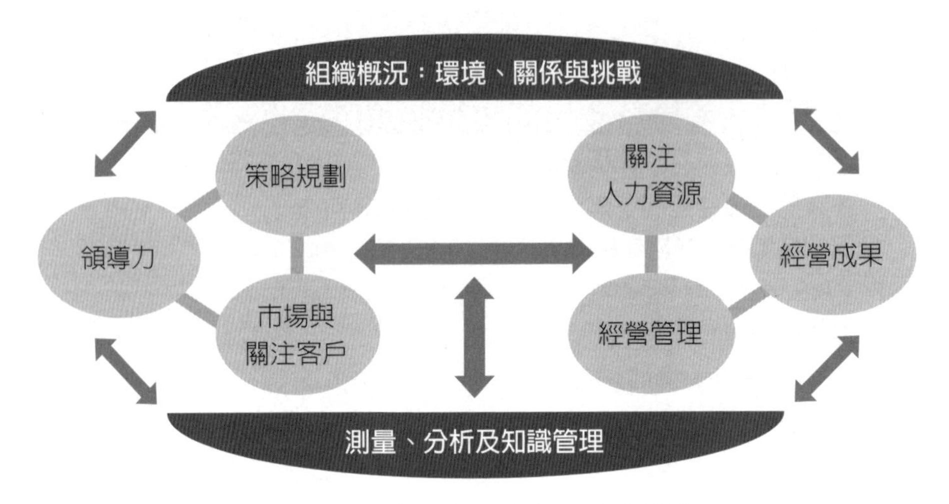

圖2.5　美國波多里奇國家品質獎架構圖

圖2.5中包含企業經營必需面對的七個部分，分別簡述如下：

1. **領導力**：管理層如何領導與治理企業，使得企業可以在高效與高道德標準下運行並善盡所在城市的社會責任。
2. **策略規劃**：企業如何確立、規劃與實施策略。
3. **市場與關注客戶**：企業如何洞悉客戶需求，建立並維持緊密與持續的客戶關係。
4. **測量、分析及知識管理**（Knowledge Management，簡稱KM）：企業如何利用資訊以支援關鍵流程並提高績效。
5. **關注人力資源**：企業如何營造友善工作環境、充分授權，以及激勵員工。
6. **經營管理**：企業如何設計、管理與改善關鍵流程。
7. **經營成果**：企業在如下方面與競爭對手的比較：產品與流程、客戶滿意度、人力資源、經營與治理，以及財務和市場表現。

此架構與模組正好可以指出顧問應該關注的焦點與分類，據此可快速進行企業內部經營分析。此品質獎的各細項評分標準如表2.4所示，滿分爲1,000分，表中模組和細項的分數代表重要程度。顧問公司可以依據自己對各細項重要度的認知決定分數大小。如果顧問公司利用此表爲多家同類型公司進行企業內部調研，掌握的資料將是同業競爭分析的珍貴材料。

表2.4　美國波多里奇國家品質獎評分標準

模組／細項	分數
1 領導力	120
高層領導力	70
公司治理與社會責任	50
2 策略規劃	85
策略發展	40
策略實施	45
3 市場與關注客戶	85
傾聽客戶聲音	45
客戶契合度	40
4 測量、分析及知識管理	90
組織績效的評量、分析與改善	45
資訊、知識及資訊技術的管理	45
5 關注人力資源	85
員工工作環境	40
員工契合度	45
6 經營管理	85
作業系統	45
作業流程	40
7 經營成果	450
產品及流程績效	120
客戶績效	90
員工績效	80
領導績效	80
財務與市場績效	80

2.5.3 波士頓矩陣

在某一時間跨度內，針對部門、產品或事業線之間的比較而言，波士頓矩陣是分析企業內部一個簡便又有效的工具，還可藉此瞭解企業內各部門或產品線未來的發展與限制。實際使用此工具時，先繪製一個平面座標系，縱軸是市場預測增長率，橫軸是企業對此產業的市場占有率或市場份額。如果外在市場的產業訊息難以獲得，可以改用企業內部資料，如：營收預測增長率與營收總額代替。甚至，座標的參考依據也可以隨需要而改變，例如：預期獲利與高利潤、客戶體驗與銷售額等。接著在座標上定好適當測量尺寸，最好以試算表軟體依據數值將所有業務或產品標誌自動產生在平面座標系上。這時來到重要時刻，即設定中心點。依照上述步驟，即可獲得如圖2.6所示的波士頓矩陣圖了。

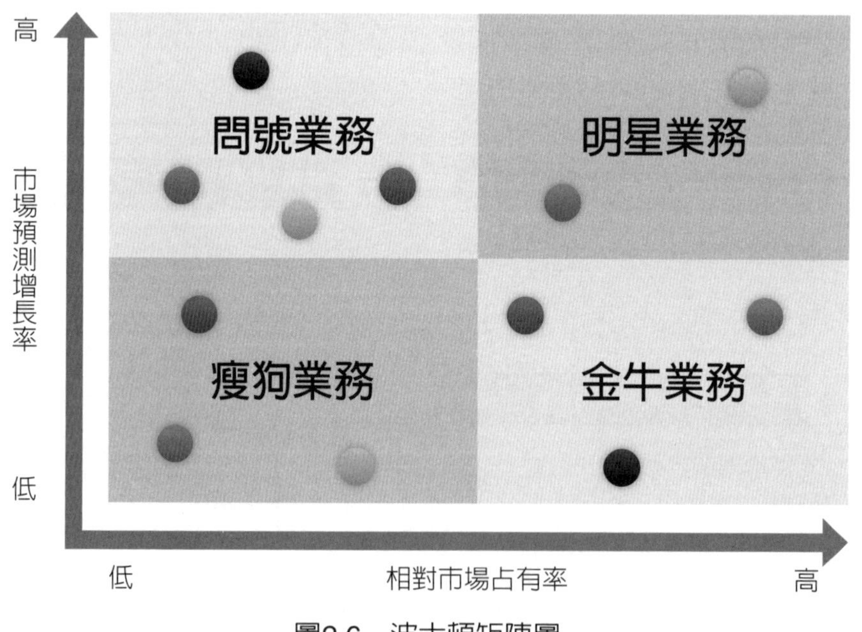

圖2.6　波士頓矩陣圖

依照四象限法，分別將所有業務或產品區分成四大類，即明星（Star）、金牛（Cash Caw）、瘦狗（Dog），與問號（Question Mark）。其目的在於通過業務或產品所處不同象限的劃分，促使企業採取相應的策略或行銷方案，實現內部資源配置結構的良性循環。波士頓矩陣對於四個象限具有不同的定義和相應的策略。

1. 明星類：高市場預測增長率、高相對市場占有率

這類業務或產品可為企業帶來豐厚利潤，需要加大投資以支援其迅速發展。採用的發展策略是：積極擴大產品線規模以抓住市場機會，以長遠經營目標為原則，提高市場占有率與客戶體驗，注意產品經理（Product Manager）人才培育，提升產業生態圈內的競爭地位。

2. 金牛類：低市場預測增長率、高相對市場占有率

這類業務或產品處在高經營效率，但市場已飽和或進入成熟期。其經營特點是收益大，不過由於增長率低，投資金額不宜增長太多，盡量壓縮人力與設備的再投入、降低單位成本，或者考慮全球化布局。金牛類成為企業回收資金，支援其他業務或產品，尤其明星部門投資的後盾。爭取在短時間內獲取更多利潤，為其他部門提供充足資金。

3. 問號類：高市場預測增長率、低相對市場占有率

這類業務或產品處於低經營效率但市場景氣一片看好，說明企業在經營上存在問題而無法滿足市場需求。財務上表現出利潤率較低，所需資金不足，例如：因種種原因未能打開市場的新產品即屬此類。對於問號部門應採取選擇性投資策略，因此，對問號部門的改進與扶持方案一般均列入公司的中長期計畫中。問號部門最好引進顧問團隊，並選拔有規劃能力，敢於冒風險與有才幹的員工負責。

4. 瘦狗類：低市場預測增長率、低相對市場占有率

這類業務或產品經營效率低且市場前景預期不樂觀，其財務特點是利潤率低、處於保本、虧損狀態，或負債比率高，無法爲企業帶來收益。如果不是公司特別扶持的對象，對這類部門應採取撤退策略：首先應減少投資，逐漸縮小規模，對那些收入增長率和業務量均極低的部門應立即淘汰。其次是將剩餘資源向其他部門轉移。第三是整頓與整合，最好將衰退中部門與其他事業群合併，以節約經營成本。

就產業生命週期觀點，無論業務或產品都會歷經草創、茁壯、成熟與衰落四個階段。草創期的產品大都屬於問號類，如果經營得法，吸引大量客戶，即可發展成爲企業的明星產品而進入茁壯期。一段時間後產品進入成熟期，成爲金牛類，這階段競爭激烈。最終此行業因產能過剩，市場落入一片紅海而進入衰落期，瘦狗類的產品的成本控制尤其重要，此時企業可以考慮退出該行業。

2.6 SWOT分析

在策略分析中經常使用SWOT分析法，同時應用於外部環境分析與內部組織分析。分析時先在四個象限中分別尋找與列舉企業面對外部市場的機會（Opportunity）與威脅（Threat），以及企業內部現有的優勢（Strength）和劣勢（Weakness），參見圖2.7。收集並選擇關於此四個維度的重要市場訊息，分析這些訊息而獲得的知識與商業智慧，從而進行市場定位的策略設計，後續並採取正確行動，很大程度地可以增加公司本身的競爭力，但本分析工具的缺點是容易流於主觀，章節10.3提供內外部因素評估矩陣可爲解決之道。選擇重要訊息時，可以根據「發生機率」和「影響程度」兩個維度且利用如章節10.5所述的GE矩陣進行挑選重要訊息。

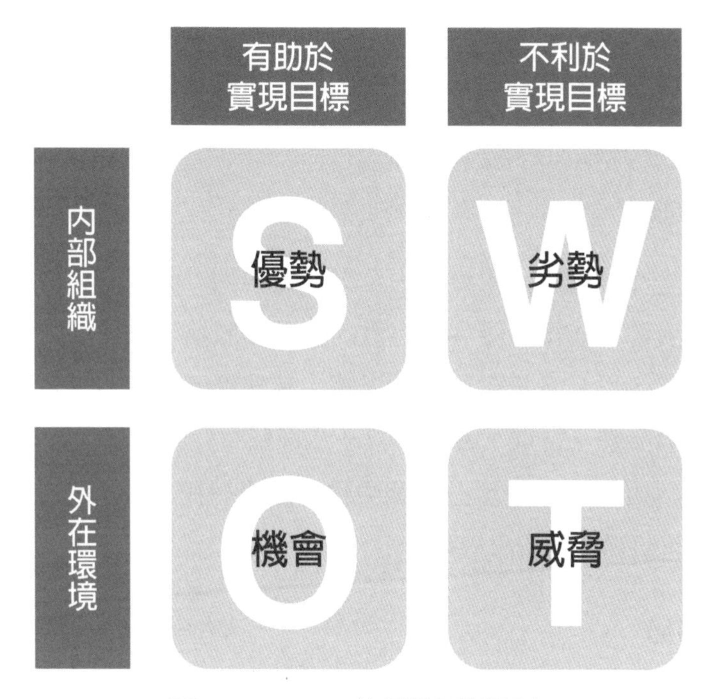

圖2.7　SWOT分析的四個面向

2.6.1 機會

分為三個層面進行考慮與分析。首先針對如圖2.2所示的大環境，即最外圈的政治、經濟、社會與技術，比如：政策和經濟環境的變化、人口遷徙與流行風向等的改變。其次在五力分析中探索並列舉對我方公司發展有利的因素，最後尋找同行的劣勢，這些都是有利於企業發展的機會。

2.6.2 威脅

如上一章節所述，同樣分三個層面（外部環境）進行考慮與分析，探索並列舉對我方公司發展不利的因素，例如：政府管制與競爭日趨激烈等。最後尋找同行的優勢，例如：競爭對手推出新產品，這些都是不利於企業發展的威脅。

2.6.3 優勢

參考今津美樹的商業模式，企業的優勢如：關鍵的合作夥伴、併購名單、資源與技術、受客戶喜歡的商品和服務、創新能力強、良好的客戶關係，以及多角化行銷管道等。其他優勢如：占有較大的市場份額、知名品牌、特權、專利，以及掌握稀有原物料等。從表2.2之競爭者分析與如圖2.3之市場分布圖中也可以瞭解我方公司的優勢，強化這些優勢可以爲企業帶來機遇。

2.6.4 劣勢

企業的劣勢即欠缺資源或落後其他同業的能力與條件，在今津美樹的商業模式、表2.2之競爭者分析與如圖2.3之市場分布圖中，如我方公司的表現都不如其他競爭者，這些就是劣勢。此外，無論是優勢還是劣勢，都可以從企業獨特的價值鏈（Value Chain）中去尋找和發現。應以消弭劣勢爲先，譬如：引進新流程與技術，企業可以增進應對外部環境威脅的實力，也可以避免競爭者對企業進行打壓。如暫時無法消除，也要利用若干優勢去彌補或稀釋劣勢。

2.6.5 策略擬定

顧問必需有從現象看到本質的能力。辨識出關鍵的機會與威脅之後，參考企業重要的優勢與劣勢，即可進行如下的四種策略擬定，參見表2.5。

1. **SO**（優勢＋機會）：思考如何運用優勢以獲取更多機會。
2. **ST**（優勢＋威脅）：思考如何運用優勢以避免或抵禦威脅。
3. **WO**（劣勢＋機會）：思考如何降低劣勢以增加機會。
4. **WT**（劣勢＋威脅）：思考如何降低劣勢以避免威脅。

表2.5　策略設計表單（示例）

內部組織 / 外部環境	優勢	劣勢
	知名國際品牌 強大行銷能力 成熟的線上銷售 良好的公共關係 擁有專業技術人才	組織架構僵化 鬆散的供應鏈 委外的售後服務 不尊重客戶需求 製造資料不統一
	策略擬定	
機會	SO	WO
對手新品性能薄弱 軟體功能尚不明確 顯示面板技術欠佳	（增長型策略）	（扭轉型策略）
威脅	ST	WT
衆多競爭者的加入 可替代新技術萌芽 強勢的重要零組件	（多角化經營策略）	（防禦型策略）

2.7 定性與定量方法

市場調查的方法不外乎定性與定量兩種，參見表2.6：

1. **定性方法**：存在與否、好壞，或是尋找屬性（Attribute）、關鍵詞（Keyword）、特徵與因果關係等，從而發現問題、重點、規律或現象等。

2. 定量方法：將觀察事項本身或其屬性數量化，藉由統計數值突顯問題所在，比較優劣或找出最佳選擇，以及瞭解消費者心理等。

值得注意的是，定性方法中也可以利用數值代表觀察項目的嚴重程度。反之，定量方法中雖然以數值進行描述，但仍包含定性解釋部分。簡言之，定量與定性可以相互爲用。舉例來說，調查表裡的自由填寫部分可以提煉出關鍵詞，從而進行定性分析，統計關鍵詞出現的次數，可以表達某一人事物被重視的程度。無論是定性或定量方法，人工智慧是未來值得研究和推廣的工具。

表2.6　一些用於市場調查的定性方法與定量方法

定性	定量
觀察法（Observation Method） 神祕顧客（Mystery Shopper） 焦點小組（Focus Groups） 一對一訪談 收集銷售代表／客服人員的回饋訊息	各類問卷、調查表與評分表 淨推薦值（Net Promoter Score, NPS） 聯合分析和離散選擇模型 統計學／IBM SPSS 商用數學／作業研究

2.7.1 定性方法

定性方法有很多種，表2.6中僅提出其中幾項。觀察法以旁觀者的視角、不干涉現場的方式檢視並研究目標環境或消費者行爲等，當然也可以身臨其境體驗實際狀況，並留下觀察紀錄。觀察時間可以是連續或隨機方式，前者如「生活中的一天」而後者如「神祕顧客」。

若想要知道執行長是如何管理一家大型企業的，觀察者可以跟在一位執行長身旁，實地瞭解他一天的行程。根據亨利・明茲伯格的研究，執行長絕大部分的時間都在開會、處理緊急狀況和解決紛爭。「神祕顧客」是由若干位專家扮演一般顧客，可以用來評定商店或賣場員工的服務態度，也可以評判服務流程是否合理與通暢。就實際經驗，如果問卷調查的對象未經事先設定或不能在自由意識下作答，「神祕顧客」比問卷調查更能得到與事實相符的資料，而且兩者的結果可以互相印證。

廣義來說，第八章介紹的六種會議形式都可算是定性方法，章節8.5較詳細地介紹了焦點小組，而章節5.3.1提供一個使用案例，以及講述了如何處理訪談中的關鍵詞。在調查表中由受訪者自由填寫的部分或銷售代表／客服人員的回饋訊息中也可以提煉出關鍵詞，同樣也可以進行定性分析。

2.7.2 定量方法

可在品管圈（QCC）手法、統計學、公共衛生學、商用數學／作業研究（Operations Research）等找到很多的定量方法，但各類問卷、調查表與評分表還是比較常用的工具。例如：表2.3之企業管理體系評估問卷與表2.4之美國波多里奇國家品質獎評分標準。若需要進行統計運算與繪圖，強力推薦R語言和IBM SPSS。章節10.8講述了一些調查表的進階功能，可充分挖掘出調查表的效用。歸根究柢，定量分析只有兩種方法，即：積分與微分，前者可算出整體的平均值與重心；而後者用於比較和計算斜率。

淨推薦值可用於評估客戶體驗狀況，經由詢問客戶「是否願意將產品推薦給親友」單一問題，由受訪者填選或傳回0至10分數。9至10分代表積極的推薦者，介於7到8分的屬於無感者，其餘（6分以下）則表示意願不大。

聯合分析和離散選擇模型（Conjoint Analysis and Discrete Choice Models）可用於新產品研發／設計、市場區隔、市場份額分析、定價、品牌選擇偏好與客戶購買策略等。使用時，先在網上建立不同產品或服務的各種屬性組合，例如：品牌、特徵、尺寸、重量、功能、口味／配料、會員／附加服務、級別（或選項）、類型／示例，以及顏色和價格等等，再由特定客戶群進行線上互動式訪問、點選與投票／給分，最後透過後臺的多量變數分析，即可瞭解特定客戶群的選擇偏好，或較重視（感興趣）哪一個屬性。此結果符合如圖3.6之產品定位三角模型的規律，即品質愈高，價格也愈高。企業可根據分析結果進行產品或服務的微調、定價與改善。有專門的書籍討論相關主題，IBM SPSS也提供此一分析方法。

2.8 策略規劃報告模板

策略諮詢專案最後主要交付的是一份策略規劃報告書，一般是以Word與PPT格式寫成的兩份配套檔案，編寫這樣的報告書並沒有固定的章節規定。下文將提供一份傳統策略方案的Word格式報告模板，使用這個模板寫出的報告已經多次成功地被市場認可，但較適用於服務業或相對穩定市場的行業。參見表2.7，應用時可視實際情況增減內容並調整結構。

表2.7　策略規劃報告模板

<table>
<tr><td>封面</td><td>甲方全名
檔案名稱：策略分析／規劃報告
圖片（甲方辦公大樓全景／象徵景物）
撰寫人／乙方全名
日期
著作權／保密協定宣告</td><td>乙方簡介與價值觀</td></tr>
<tr><td>第一章
緒論</td><td colspan="2">摘要：濃縮全文重點，讓乙方以最快速度大致瞭解全貌
前文／背景描述：簡單陳述專案的前因後果（可參考合約內容）
甲方介紹（可參考網路內容但需與甲方確認最新狀況）</td></tr>
<tr><td>第二章
外部市場
分析</td><td colspan="2">外部環境分析／PEST分析
• 政治環境
• 經濟環境
• 社會環境
• 技術環境
進階策略分析模型（參見章節10.2）
整體行業生態圈分析／五力分析
• 現有同業的競爭
• 新進者的威脅
• 替代品的威脅
• 供應商的議價能力
• 購買者的議價能力
現有同業競爭的分析
• 競爭者分析表
• 市場分布情況
• 市場增長預測
客戶滿意度調查與分析</td></tr>
</table>

第三章 企業內部 分析	人力資源結構分析（含年齡、學歷、職位，以及流動情況等） 財務分析（需近三年財報） 企業內部經營分析 • 企業管理體系評估 • 美國波多里奇國家品質獎評分標準 • 波士頓矩陣 • GE矩陣（詳見章節10.5） 加上虛線圈之影響圖（詳見章節10.4） 企業文化評估（詳見章節5.3） 員工滿意度調查與分析 資訊支持分析：瞭解甲方資訊化程度、資訊系統與資訊技能
第四章 策略 規劃	綜合環境分析／SWOT分析 內外部因素評估矩陣（詳見章節10.3） 策略建議 • 波特的三大基本策略（詳見章節1.3） • 策略形成（詳見章節1.4） • 競爭策略三角模型（詳見章節10.1） • 目標市場（詳見章節3.5） • 市場定位（詳見章節3.6） 三年發展策略 第一年的短期目標與工作計畫

第三章

行銷流程理論與實務

以下依據排名順序列舉造成新產品上市失敗的前七大主因，從中可以發現行銷投入的重要性，以及明白應該重點投入的事項：

1. 市場分析不夠充分。
2. 產品出現問題。
3. 行銷人員不夠努力。
4. 行銷成本超出預算。
5. 對競爭的抗壓性不強。
6. 上市時間不對。
7. 技術或生產問題。

本章將介紹可實現差異化，但更多的是聚焦策略的行銷模式和流程。本章內容可以用於諮詢，同時也可以用於顧問公司業務人員的訓練課程。表3.1列出與4P相關的應用工具，此4P分別代表：

◆ 產品（Product）。

◆ 通路（Place）。

◆ 定價（Pricing）。

◆ 促銷（Promotion）。

表3.1　與4P相關的應用工具

行銷4P	應用工具名稱及其參考
產品	• 產品定位的三角模型（參見圖3.6） • 產品設計時三個考慮層面（參見表3.9） • 產品設計輔助工具（參見圖3.7） • 產品規格層次表（參見表3.8） • 價格與客戶體驗（或滿意度）比較圖（參見圖3.2）
通路	• 影響圖（參見圖7.6、圖10.3）
定價	• 三種基本定價方法（參見圖3.8） • 價格／價值比較圖（參見圖3.9） • 估算價格／價值說明圖（參見圖3.10）
促銷	• 宣傳時程矩陣（參見表3.10） • 上市時間表（參見圖3.11） • 宣傳與溝通預算表（參見表3.11） • 內外部訓練計畫表（參見表3.12） • 客戶與現場回饋紀錄表（參見表3.13） • 攻防戰訊息表（參見表3.14）

3.1 行銷流程案例

行銷計畫的宗旨是，高效率地將客戶需求轉化成高品質的產品與服務，並及時推向市場，以實現行銷戰略。行銷計畫中的流程從市場調研到產品上市，大致上分爲如下之五個步驟並周而復始，其中前三個步驟是策略規劃與企業內部的學習和校準機制，而後兩個步驟是商業化的過程，合起來也是個PDCA循環。執行過程中同樣要反思此流程是否存在弱點？現有平臺是否需要改進以迎向未來？

1. **市場調研**：除瞭解外部市場與差異化競爭外，還需要預定營利目標，以及分析「企業內部技術和資源」與「市場需求」之間的落差。
2. **聚焦客戶**：在聚焦策略指導下，尋找目標客戶群並調研他們眞正的需求，進行市場定位，建立商業模式，如經證實無法滿足客戶需求或促進業績增長，則退回步驟1。
3. **創新構思**：依據客戶的需求以設計創新產品（定位）、提升產品價值，以促進雙贏局面。如實現不佳，則退回步驟2。
4. **組織協調**：完美地實施行銷與部署計畫，最大限度地抓住市場新契機。
5. **產品上市**：實際進行產銷、服務與支援，最大化增加客戶價值並提高企業利潤。

3.2 行銷組合模式

圖3.1是一個通用的行銷模式案例，圖中顯示主要的行銷活動、一個校準與行銷活動的過程，以及協助分析產品上市流程與做法。在獲得預算或融資並組成工作團隊的前提下，進行一連串預定流程與步驟。以主題平臺、優良的企業文化與制度爲基底，主題平臺起到順水推舟的作用，可以在短時間內吸引廣大消費者的關注。此模式案例制定了行銷流程的四大步驟，以及支援此流程順利執行的四大保障力量。

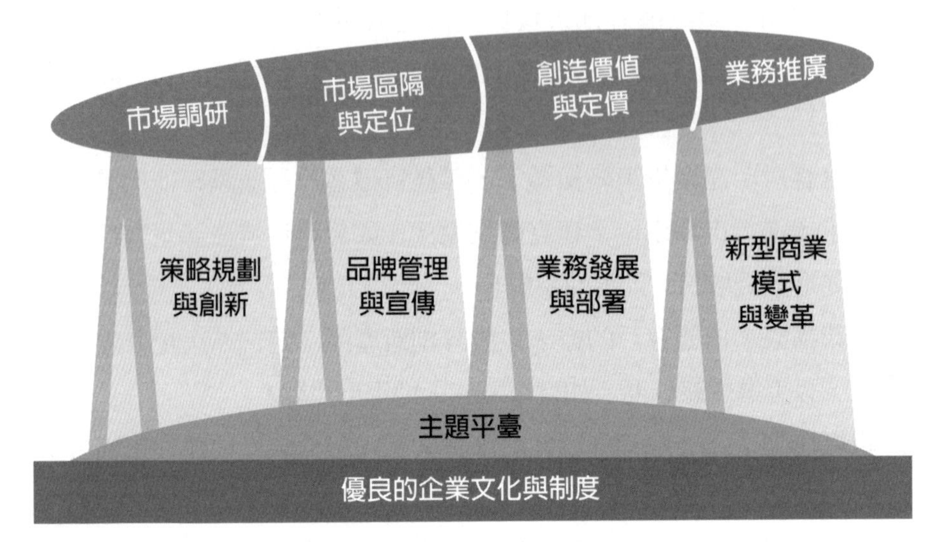

圖3.1 通用的行銷模式案例

主要由發起人、創新者（如重要零件供應商）和整合專家（如產品經理）組成矩陣式管理團隊。施行中，上述主題可以是聯合國提出的「地球暖化」、「潔淨、健康環境」、全球關切的焦點（如新冠疫情），或議題（如親子關懷）等。

3.2.1 四大業務拓展流程

以流程為導向，但同時也確保結果令人滿意。流程由專業團隊負責，遵守既定步驟進行，資源部署到位，最終得到符合、甚至超出客戶期望的產品或服務，並即時送達客戶手中。

1. 市場調研

隨時留心並識別外部環境的趨勢與影響，以知識管理方式對待蒐集到的情報與資料，進而分析市場中的競爭對手、供應商，消費者／客戶需求以及商業案例（Business Case）等。自我瞭解企業本身的核心競爭力、創新能力、對未來發展的定義，形象與目標，處理（整合、提煉、量化）與分析上述資料，從而提出相應的策略規劃報告與實施方案。

實務上，市場調研並非偶發事件，也非無的放矢。日常在企業內部一些關於產品／服務的小問題不斷地被發現、提出與解決（或懸而未決）。管理層應該在這些不斷發生的小問題中找出其中的關聯性，而不是單純地「頭痛醫頭、腳痛醫腳」。當眾多的小問題堆積如冰山一角地顯露某種消費者需求時，一個隱藏的商機就需要被證實，這時新一輪的市場調研就該啓動。在此之前，企業最好先建立一套問題追蹤資訊系統。

2. 市場區隔與定位

在本階段中進行STP分析，包括三個要素：市場區隔（Segmenting）、目標市場（Targeting）與市場定位（Positioning），且形成前後關係。此三者不應該被視爲獨立作業，而是具連帶關係，互相影響與制約。承接上一階段的市場調研，在瞭解市場狀況後，著眼於市場的廣闊前景，接著逐漸縮小所要追求的特定目標客戶群。這裡有個很好的比喻：整體市場就像一個蛋糕，以某種切割方式將蛋糕分成若干份的動作就是市場區隔，選取其中的某塊或某幾塊蛋糕就是決定目標市場，接下來想要如何食用這塊或這些蛋糕切片了（市場定位）。

整體來說，STP是個試誤過程，期間將提出一些假設，在得到預測結果後再決定繼續或調整。由於專注較小範圍的目標客戶群體，企業較易取得競爭優勢，亦能掌握隨時發生的客戶需求變化，並在較短時間內做出回應。另外，也能在有限資源條件下獲取最大利益。期初說服高層以獲得贊助並組建執行團隊，列舉並判斷重點市場訊息，通過市場研究以洞察消費者眞實需求。細分市場並確定他們的優先順序，設計商品功能、提升客戶價值，制定並驗證解決方案（包含工具）和營利目標等。如果存在多個產品或服務可供選擇，如圖10.4之GE矩陣可協助確定優先等級，此時的橫軸爲產品或服務的競爭能力，而縱軸爲預計利潤的高低。擬定商業模式與盈利模式（Profit Model），同時爲整體行銷建立可以蓬勃發展的環境。

3. 創造價值與定價

本階段即進行傳統行銷學中的4P活動。在提升客戶價值的前提下，致力於創新並設計解決方案（產品或服務），調整商業模式與產品組合，實現基於價值的定價策略並優化價格，最終取得雙贏局面。

客戶體驗（或滿意度）與價格形成CP值。參見圖3.2，從中可以發現若提高價值就可以讓客戶以較高的價格來購買產品，而且價格上漲的幅度大於增加的價值。圖中分成三個區塊：上區塊是高價格但低價值，中區塊符合市場規律，而下區塊則是物超所值。A產品和S產品同時推向市場，消費者大都會選用A產品。H產品和T產品具有良好的市場競爭力，但需要較高超的技術，可遇而不可求，所以建議可以將兩種產品（或服務）組合在一起，以提升消費者的體驗和滿意度。例如：洗衣機結合烘乾功能，骨科診所增加復健醫療服務等。

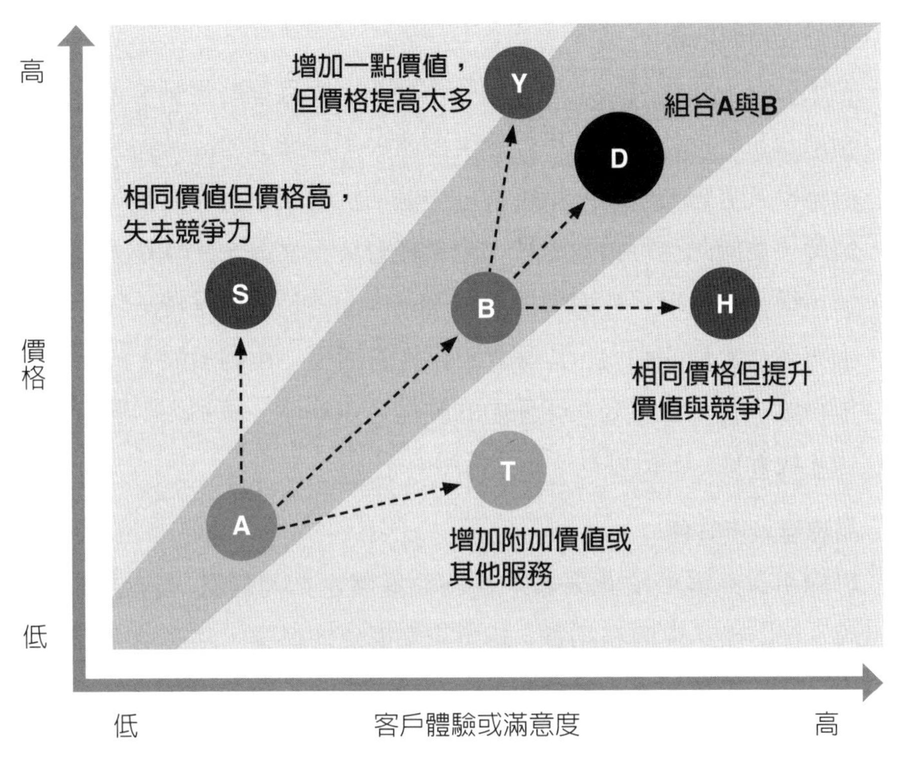

圖3.2　價格與客戶體驗（或滿意度）比較圖（示例）

4. 業務推廣

依據客戶價值與增值服務設計並調整產品及服務，制定行銷方案和配套行銷管道，執行上市計畫，啓動變革管理（參見第七章的說明）與績效考核，透過各種媒體開始對企業內外進行宣傳，獎勵業績表現以提振團隊士氣。

3.2.2 四大保障力量

如同「價值鏈」的觀念，上述四種主要活動需要下文中的四種能力支持，就像四大頂樑柱一般。此四種能力有效地揭露企業內部的優勢與劣勢，相關部門應同心協力以促成新產品順利上市。

1. 策略規劃與創新

企業需有一套市場洞悉和策略管理體系，而且策略規劃與創新能力相結合並堅持執行。利用好競爭要素，不只產品設計時需要創新，商業模式也需要創新。策略實施中週期性地回顧目標或預算的達成情況，並據此進行績效考核。企業經營久了之後，尤其是大型集團公司很容易出現「死海效應」，所以企業總是需要維持一種積極向上與業務增長的動力，以驅動日常經營活動、策略發展，以及提高市場競爭力。注重公共關係中的關鍵合作夥伴，做到人力與資源雖「非我所有」，但可以「為我所用」。

2. 品牌建設與宣傳

彰顯引以為傲的文化要素，明確並推廣企業價值觀。打造公司品牌，保障產品與服務品質，維護企業形象與信譽，務必讓客戶群留下良好的產品／服務體驗和企業形象。平時經營好公共關係，強化溝通技巧，在關鍵時刻與地點，針對目標客戶群展開網路與傳統的廣告活動，如社群媒體與產品發布會等。

3. 業務發展與部署

從事跟進作業和統計研究，觀察消費者行為，持續收集客戶回饋訊息，發覺產品與市場耦合的潛力，考慮新產品／服務的拓展，尋找適合推銷產品的區域，評估業務量並適度調整出貨比率，深耕客戶關係，以及依據業績成果進行獎勵等。

4. 新型商業模式與變革

兼顧行業大環境與企業本身的發展，注重人才體系建設，加強與外界包含同業間的溝通與交流。經營線上銷售方式，尤其是在疫情期間與後疫情時代，創建和優化線上銷售的客戶體驗。關注全球行業演變趨勢，鼓勵創新商業模式，進行情景分析，預測未來市場各種可能發生的變化，以便迅速做出反應。上述種種都考驗著企業的變革管理與動態能力。

3.3 洞悉客戶

只要涉及到人，馬斯洛的需求層次（Maslow's Hierarchy of Needs）就是一個很好的分析工具，參見章節6.3。另外，利用如圖7.6所示的影響圖也可以幫忙辨識與尋找目標客戶，尤其是服務業和諮詢業。章節2.7.2介紹的聯合分析和離散選擇模型可以分析客戶群體與需求。識別高價值的客戶，再因時因地制宜，提供正確的產品或服務，而後進行針對性行銷，增加客戶黏著度，企業因此取得業績成長。深諳客戶需求後而設計的產品或服務雖然增加了複雜性，也動用較多的資源，但因差異化增加，產品或服務的價值也會水漲船高。

人們購買產品首先是要滿足需要，其次是產品帶來的價值，最後才是對產品本身的喜好。下列三個英文單字（Need, Want and Demand）都可以解釋成「需要」，但此三者在行銷學裡是有意義上區別的，他們是研究客戶心理的三個基本概念，列述如下：

1. 需求（Need）：滿足人類在自然或社會環境裡生存的基本要素。

2. 想要（Want）：符合上述需求的具體目標（人事物）。

3. 要求（Demand）：在購買力允許下可滿足需求的實際目標。

舉一個經典的例子說明，當某人感覺到饑餓時，在生理層面上產生對食物的「需求」。到了餐廳，依照習慣或心理層面，他「想要」點一份高級牛排，但發現身上帶的錢不夠，從經濟層面上考慮，最後只能向服務生「要求」一份簡餐了。

3.3.1 洞悉客戶需求

企業在行銷前需要確定目標客戶人群以及他們的眞正需求，進行卡諾分析（Kano Analysis），傾聽客戶心聲後才能更有把握地進行產品設計，從基本需求切入，再滿足客戶講出來的規格與期望，最後更要挖掘出客戶潛在或未經透露，並且是最想要的東西，參見圖3.3。銷售後藉助市場調查與銷售代表及客服人員的回饋訊息等，充分瞭解消費者的購買行爲，以及隱藏在購買行爲背後的動機，滿足此需求隱藏部分可提升產品的價值與價格。

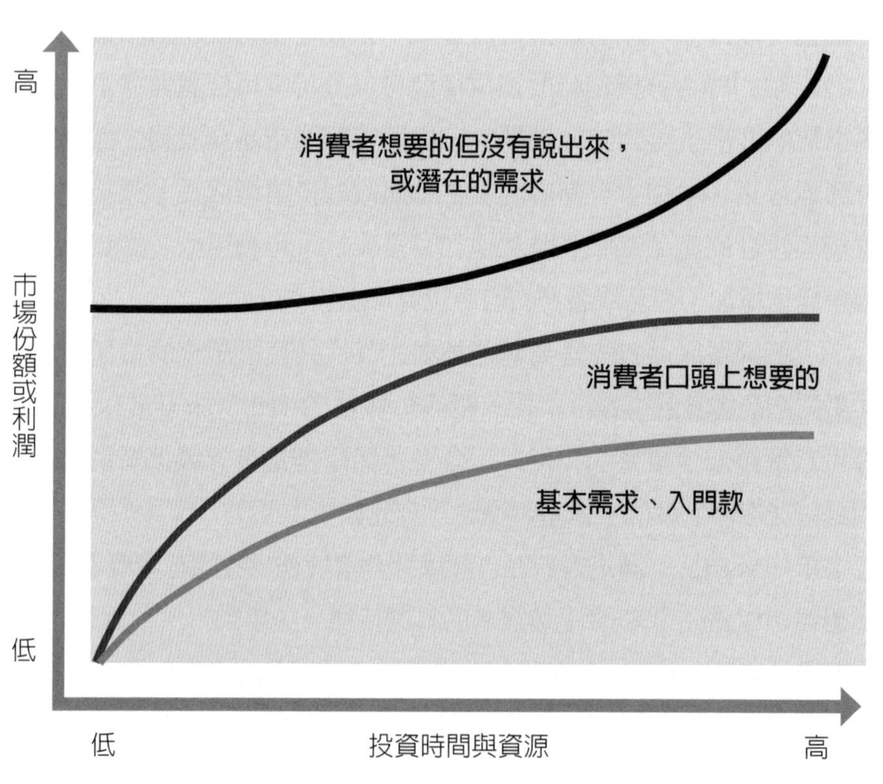

圖3.3　洞悉客戶需求才能贏得市場

3.3.2 傾聽客戶心聲進階版

問卷調查的目標受眾愈多愈好，但操作的成本也會隨著增加。爲了知曉整體消費者對新產品的看法，又想要控制成本，在進行問卷調查之前，人選也需事先經過設計。除了一般想得到的消費者外，下列人群也應在調查範圍之內：

- ◆ 不再購買我方公司產品的消費者。
- ◆ 購買競爭對手產品的消費者。
- ◆ 未來有希望購買我方公司產品的消費者。
- ◆ 社會底層的消費者。
- ◆ 嘗試過甚至使用過產品的使用者，但最終沒有購買的消費者。
- ◆ 終端使用者（一般消費者，非經銷商或代理商）。
- ◆ 極端用戶（購買或使用極大量或極少量產品／服務的消費者）。

3.4 市場區隔

一家企業因爲資源有限，不太可能占領整個市場，所以必需做出取捨。即使像微軟（Microsoft）這樣可以席捲全球的超大型公司也會在不同的細分市場（如以語言或國家區分）提供合適的產品／服務。市場區隔就是利用一些變數（或維度）劃分市場，從而細分出具有共同需求或特徵的客戶群體（即子市場或次市場）。當推出特定報價與價值主張的新產品時，可以期待他們會表現出類似的購買行爲。

一切產品設計幾乎不可能涵蓋所有購買者的需求，所以企業需要精準地區隔客戶群，以便找出特定消費族群。區隔（Segmentation）不同於簡單的分類（Classification）。表3.2以犬種爲例，舉出兩者之間的不同。

表3.2　以犬種為例說明分類與區隔的不同

分類	區隔
• 品種：狼犬／秋田／法鬥	• 身分：流浪狗／寵物／家人
• 體型：大型犬／中型犬／小型犬	• 功能：陪伴／警衛／搜救
• 年齡：三個月前／兩歲前／成犬	• 性格：安靜／富攻擊性／拆家

區隔是指將市場劃分爲具有共同需求或特徵的客戶群體，從而歸納出同類型的消費行爲。因此，研究消費者時，不能單純地僅依據性別、年齡，身高與體重，而是還要依據他們的消費行爲、喜好和收入等因素進行分類。從另一個視角來看，區隔人群時較多考慮5W2H中的Why、How和When，而不只是Who或What，比方說，考慮客戶或消費者下列問題：

◆ 爲什麼要購買又爲什麼不購買？
◆ 如何使用（某項產品或工具）？
◆ 希望如何被對待（可接受的服務方式）？
◆ 如何回應報價背後隱藏的原因？
◆ 什麼時候某一特徵會變成購物的動機？

區隔可以讓企業決定哪些局部市場最具有吸引力，更精準地找到目標客戶群，從而增加經營利潤的機率。就客戶的好處而言，他們得到幾乎是量身訂做的產品和服務、使用更便捷、更合乎口味，或是節省了人力和時間。簡單地說，就是提高客戶個性化體驗。因此，市場區隔對企業和消費者都有利。

早年著名的美孚（Mobil）石油公司分享了一個經典案例：長久以來，美孚公司採取低價策略但業績一直成長不起來，爲了深究原因，於是對超過2,000位車主的樣本進行一場市場調研行動，最後將他們區分成五大群體，如表3.3所示的結果。研究人員驚訝地發現，對價格敏感的車主只不過占到總樣本數的20%而已。爲了面向更大的客戶群體，於是進行策略變革。不再主張降價，反而一改常態地提高汽油每加侖的售價，但在加油站提供貼心的加值服務以作爲補償，讓車主有優質的加油體驗，終於贏得財務上的勝利。這種趨勢延續到今天，加油站大都會提供小型販賣部、洗車、化妝間和贈品等服務，成了開車人士的「小確幸」。

表3.3　區隔加油人群（依比率多寡排序）

客戶細分	描述	比率
新生代	年輕、單身、有飲食需求，喜歡速食	27%
居家人士	年齡稍大、不上班，習慣在方便的據點加油	21%
對價格敏感者	加普通無鉛汽油，選擇低價的加油站和品牌	20%
馬路戰士	每年行駛3～8萬公里，有品牌偏好	16%
真正的藍領	在固定地方加油，喜歡折扣與點數回饋	16%

細節上，企業經市場分析後選用合適的變數（預定原則）進行市場區隔，表3.4列舉B2C市場的區隔變數（Varieties of Segmentations）及其分類：

表3.4　區隔變數及其分類

區隔變數	說明	參考
與分類有關	地理、地形、天候、城市／鄉村、人口數量與年齡等	表3.2
與產品有關	產品、技術、工業設計、行銷管道	表3.5
與公司盈利有關	低成本、易於製造、市場份額	圖2.3
與客戶需求有關	客戶心理、消費行為、生活方式、使用頻率	表3.3

務必由上而下全面考慮上述所有變數，尋找符合市場規律的、可具體呈現各個子市場的變數，利用一維或多維方式區隔市場。追逐利

益是常態，但企業若只專注於眼前的利益，反而會「欲速則不達」，滿足客戶價值才是長久之計。下列是市場區隔報告的主要欄位或訊息，此報告可協助深入分析、瞭解特定細分市場或客戶群體未滿足的需求、動機和購買行爲。

◆ 區隔市場名稱（含代碼）。

◆ 使用變數及其說明。

◆ 參考案例。

◆ 聚焦事項。

◆ 客戶特性／特徵。

◆ 關鍵詞。

◆ 列舉進入此細分市場的動機（吸引力）。

◆ 列舉可實現的客戶價值（含排名成績）。

如遇B2B市場，還需考慮對方公司的背景訊息，例如：企業文化、價值觀、產業別、所在地、規模、創建者／管理層、採購人員，以及購物用途等等。

3.5 目標市場

企業利用區隔變數將整體、複雜與多元的市場細分成若干個子市場，接下來就是選定要進入哪一個子市場，被選定的子市場就是目標市場。行銷人員可利用「相對市場吸引力」與「相對競爭能力」兩個維度進行分析，從而更清楚地瞭解哪一個細分市場、客戶群體最值得投入，或者根據這些有力證據而決定不投入。參見圖3.4，圖中的圓圈標示不同產品，圓圈上的數字或英文字母代表不同的競爭對手。下文中將另文對「相對市場吸引力」與「相對競爭能力」深入討論。

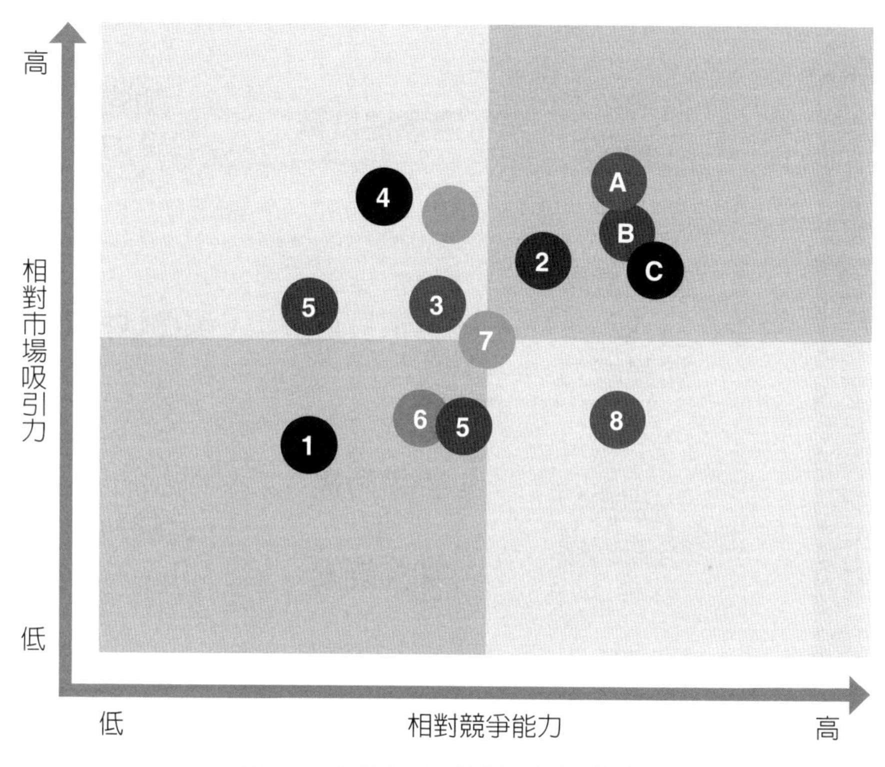

圖3.4　目標市場分析圖（示例）

本分析工具可與波士頓矩陣（參見章節2.5.3）配合使用，製圖方法也可以效法波士頓矩陣。另外，也可以參考SWOT分析（參見章節2.6）。章節2.4 介紹了現有同業競爭的分析工具，其中的表2.2（競爭者分析表）、圖2.3（市場分布圖），以及圖2.4（市場增長示意圖）也都是可用於目標市場的分析工具。由此可知，選擇目標市場之前，最好先進行同業競爭分析的工作。

上圖屬於四象限分析法，我們完全可以將此圖擴充成九宮格形式，如圖3.5所示。根據常理，每一方格都對應到自己合適的投資策略（前進或撤退）。可以依照圖3.4繪製方式，利用「相對競爭能力」與「相對市場吸引力」兩個維度相同的資料，將代表各公司產品的圓圈標示在九宮格平面上，以便進行更精確的目標市場決策。

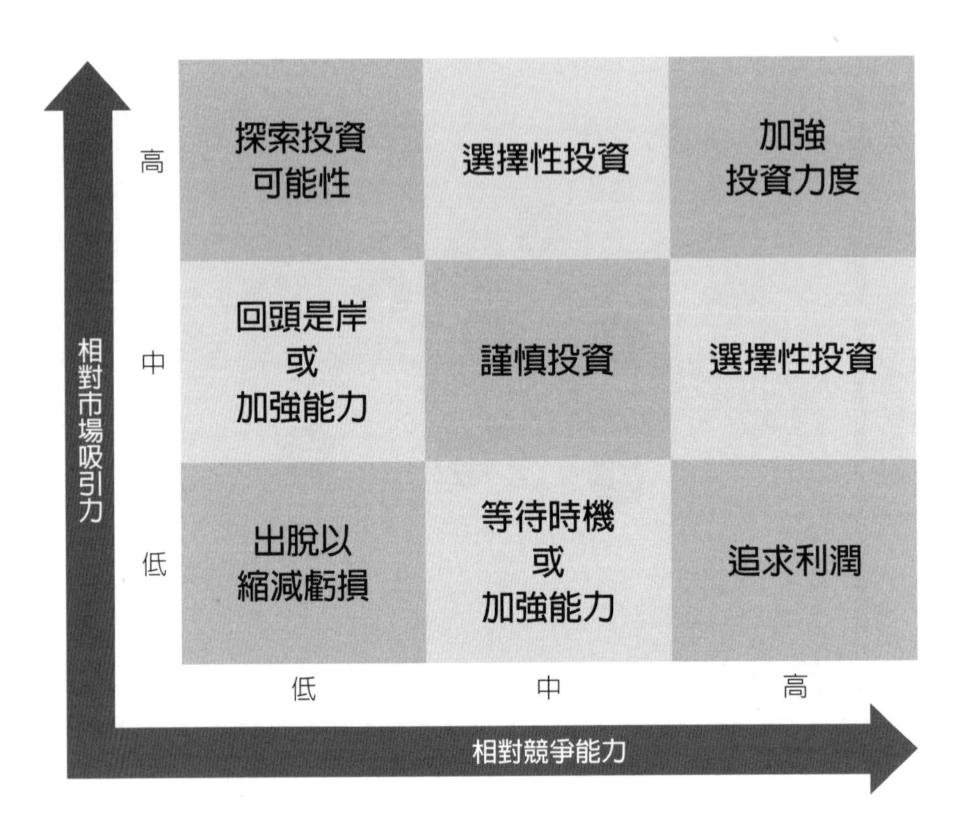

圖3.5　目標市場指引圖（包括投資決策）

3.5.1 相對競爭能力

產品的競爭力在於實現客戶價值，也就是說，客戶購買產品是爲了有效率地解決他們自身的問題。這裡有個經典案例：美國某家生產電鑽的公司獲得年度超高營業額，年末慶祝酒會上總裁照例上臺致辭，原先員工都認爲他會爲大家亮麗的表現大肆表揚一番，卻意外聽到他說：「客戶並不喜歡我們的電鑽！」臺下員工大惑不解地愣在原地，紛紛心裡想著：「怎麼可能呢？我們的電鑽賣得那麼好！」總裁繼續說道：「客戶要的是牆壁上的孔洞，不是我們的電鑽。」

所以說，行銷人員必需站在客戶的立場，分析市場上不同品牌的產品。選用客戶最關心的產品功能、屬性或特徵點，依照排名設定合理的權重，再比較我方公司與主要競爭對手的產品，假想情況如表3.5所示，細項顯示爲客戶尋求利益所需的關鍵能力。建議在本工具中列提不評分的細項，可以揭示更多各產品之間的差異化比較。

表3.5　相對競爭能力比較表（示例）

尋求客戶利益			我方公司		競爭者A		競爭者B	
大項	細項	權重	成績	分數	成績	分數	成績	分數
方便使用	自動化程度	18	7	126	6	108	6	108
	控制臺	16	6	96	4	64	5	80
	可攜帶式	14	6	84	5	70	6	84
品質保證	使用年限	12	5	60	4	48	6	72
	可靠度	12	8	96	7	84	5	60
售後服務	保固期	9	9	81	4	36	8	72
	維修點數量	9	5	45	5	45	5	45
價格	售價	10	6	60	5	50	4	40
	合計	100	合計	648	合計	505	合計	561

從表3.5可以觀察企業本身或產品的優勢和劣勢，並作爲市場區隔的依據。如果權重較高的細項差強人意，就要考慮改善能力並急起直追。下列提供積極面對市場競爭的三種方法：

1. 採用類似同行的戰術及產品設計／服務

但需對自家產品和服務進行改善、要做得比同業更好、成本更低，同時強化行銷能力。

2. 聚焦不同市場

重新審視公司的優勢與劣勢、瞄準並排序不同的客戶群體、增進客戶價值，以及在市場區隔時需有創新思維。

3. 改變遊戲規則

大膽改變競爭規則、重新定義市場與行業範圍，眞正的產品創新並將服務視爲重要的組成部分，以及調整行銷組合模式等。

3.5.2 相對市場吸引力

表3.6提供一個簡便的相對市場吸引力分析表。根據業務目標，選用重要的考量因素，在設定的子市場／客戶群／產品之間進行加權評分，而後聚焦於總分最高的當選對象，可視爲理想的子市場／客戶群。

表3.6　相對市場吸引力分析表（示例）

市場／客戶群／產品		候選A		候選B		候選C	
考慮因素	權重	成績	分數	成績	分數	成績	分數
投入成本	18	8	144	9	162	7	126
每年利潤成長率	34	7	238	4	136	5	170
制約少的商業環境	12	6	72	5	60	5	60
人均GDP	14	7	98	7	98	5	70
長期銷售可能	12	9	108	4	48	8	96
對公司品牌忠誠	10	8	80	8	80	7	70
合計	**100**	合計	**740**	合計	**584**	合計	**592**

對企業具有市場吸引力的因素不外乎如下所列：

- 策略性的明星產品。
- 預期盈利高。
- 銷售成本低。

- ◆ 不影響其他產品的銷售。
- ◆ 具有重大影響力／示範性／旗艦店。
- ◆ 使用過公司早期產品。
- ◆ 對公司品牌的忠誠度。
- ◆ 消費者有品位／願意爲價値買單。
- ◆ 與企業文化和價値觀契合。
- ◆ 新開發的市場。
- ◆ 市場很大／增長性的市場。
- ◆ 競爭對手不多／競爭不激烈。
- ◆ 友善的投資環境／政策性優惠。
- ◆ 有歷史資料可查／可預測的。
- ◆ 與當地有長期合作關係。

當然還可以增補其他因素，比如針對諮詢業：甲方的業務能力、組織架構與企業文化等。

3.6 市場定位

促使消費者對產品／服務有獨特評價、在心目中形成鮮明的企業形象，以及與其他品牌的產品／服務做出對比，這個過程就是市場定位，保障力量如上文所述。最簡單的市場定位就是區分高端精品與平價商品。選定目標市場後，推出符合差異化需求的產品／服務組合以滿足特定消費族群的偏好，並與目標子市場中同類型產品／服務明顯區隔開來。銜接後續的4P活動，推出的產品／服務確定可以提供客戶價値、突顯企業優勢，並與特定客戶期望相符，甚至超出客戶的期望。表3.7是用於企業內部市場定位報告文件的一個雛形，旨在列舉相關欄位名稱。

表3.7 市場定位報告欄位一覽表

定位描述	價值主張
目標客戶群	產品概念
客戶痛點或實際使用需求	行銷管道／行銷方式
解決方法或相關產品／服務	推廣方式／促銷活動
產品／服務種類	建議價格／優惠方案
符合需求規格	客戶特殊要求
客戶購買動機	加值服務／銷售員可承諾事項
價格區間	其他注意事項

3.7 創造產品價值

設計工程師和客戶兩者對產品品質的定義是不同的。因此，傾聽客戶的心聲、深諳他們想要的，以及瞭解隱藏背後的購買動機，以這樣的態度進行產品設計才會有競爭力。以下介紹產品定位模式和一種輔助工具，爲市場區隔和價值主張提供系統性的產品設計方法和靈感。

3.7.1 產品定位模型

爲了提高產品價值，設計產品時需考慮產品定位，而產品定位可以區分爲三種類型，即經濟型、功能型，以及心理與社會型，參見圖3.6。本圖符合加拿大經濟學家孟岱爾（Mundell）的三元悖論（Trilemma），即再好的產品也只能夠兼顧其中兩種類型而犧牲第三者，不可能實現三全齊美。本模式一樣適用於服務類型的商品。

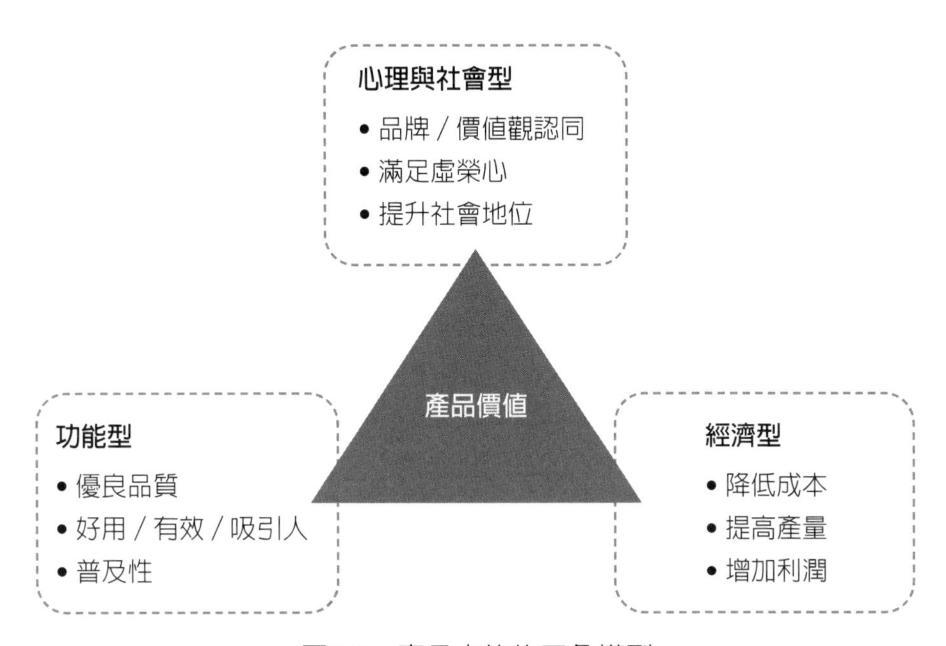

圖3.6　產品定位的三角模型

這些分類的產品符合不同消費族群的需求。功能型的產品專注於性能、品質和容易購得；經濟型的產品則僅提供基本功能，除了降低成本以外也需節約製造時間；考慮客戶心理和社會學層面的產品大都出自知名品牌而且價格不菲，例如：貴婦購買當季的精品女鞋，只會穿幾次，甚至一次，所以不會在意是否耐用。

3.7.2 產品設計輔助工具

圖3.7可以視爲一個九宮格，透過會議形式，以塡表方式共同列舉九個維度的相關訊息。從產品的基本屬性、可以提供客戶什麼好處，以及滿足客戶價值三個層次進行產品設計，並參考圖3.6之產品定位的三角模型。與競爭對手比較，產品的基本屬性應該是「人有我亦有」，而且要讓消費者有物超所值的感覺；追求效益則是「人有我強」，差異化

是重點；而「人無我有」是以客戶爲中心，實現客戶價值。產品設計時考慮的層次愈高，價值也愈高，客戶才願意以較高的價錢來購買。

	功能性	經濟性	心理與社會性
客戶價值	1.	1.	1.
	2.	2.	2.
	3.	3.	3.
	功能性	經濟性	心理與社會性
追求效益	1.	1.	1.
	2.	2.	2.
	3.	3.	3.
	4.	4.	4.
	5.	5.	5.
	功能性	經濟性	心理與社會性
基本屬性	1.	1.	1.
	2.	2.	2.
	3.	3.	3.

- ◆ 由內而外
- ◆ 從精神到物質
- ◆ 反向思維

- ◆ 由外而內
- ◆ 從客戶視角思考問題
- ◆ 八二定律

圖3.7　產品設計輔助工具

由上而下從客戶的價值觀著手，分別在三個層次各自思考「爲什麼」、「如何」與「什麼」等問題，將答案與訊息轉化爲產品的優勢和屬性。上述訊息如客戶意見、需求與消費者行爲等。由下而上地收集並掌握有關屬性的訊息，找出這些基本屬性，包括重要的產品規格，回答他們可以解決客戶什麼問題、難處和痛點？圖3.7的「八二定律」指的是設計產品時一定要強調使用者感到重要的20%功能。

3.7.3 產品規格層次

屬性是事物共同的性質和特點，而規格是對產品屬性的整體描述。由產品經理與技術團隊合作，識別產品屬性並量化他們成爲參數，區分出「最低要求」、「一般規格」與「最佳並可實現」三個層次。此三個層次類似於目標設定裡的「門檻值／基本值」、「進階值」與「挑戰值」。表3.8可用於討論、設計與決策。使用時先列出產品每一個屬性（關鍵或非關鍵），根據企業的工藝水準、擁有的資源與競爭者的產品規格進行討論，回答像「應該做什麼」和「可以做什麼」這類的問題，最後在這兩類問題的答案之間取得平衡點而完成決策。依照產品定位決定產品規格，但要勇於接受挑戰，設計出具有競爭力的產品。表3.8不但可以用於新產品設計，也可以用於舊有產品的升級與改善。

表3.8　產品規格層次表（示例）

產品規格層次	屬性1	屬性2	屬性3
最佳並可實現	• 全自動	• 可攜帶	• 大量擴充
一般規格	• 半自動	• 移動式	• 若干擴充
最低要求	• 手動控制	• 固定安裝	• 單一擴充

3.7.4 完整產品的概念

產品除了核心的實體，還應考慮包括周邊的增值服務和無形價值，一方面可以滿足客戶的廣泛需求，另一方面也可以形成產品的差異化，參見表3.9。由上而下地通盤考慮產品設計的完整性，有助於提升市場的接受度。值得強調的是，產品的利潤主要不是製造出來的，乃是來自客戶關係的維繫，而客戶關係是品牌管理下的一項重要工作。

表3.9 產品設計時三個考慮層面

考慮層面	考慮細項
產品本身	規格、功能、套件／附件、設計、特性／特色／特徵、說明書／線上說明、客製化、包裝、功效、價格
增值服務	售前／售中／售後服務、交付方式、安裝／運行、建議／諮詢、保固期／鑒賞期、修改、保修／包換／代替品、贈品、融資／分期付款
無形價值	品質信任、價值觀、品牌名稱、公司聲望／口碑、產品其他用途、團隊整體形象、社會公益／慈善

3.8 三種基本定價方法

區隔市場細分出特定的目標客戶群體，企業的商業活動期望可以得到他們的青睞，其中包括針對客戶價值觀進行產品和服務的規劃與合理定價。圖3.8顯示三種基本定價方法。

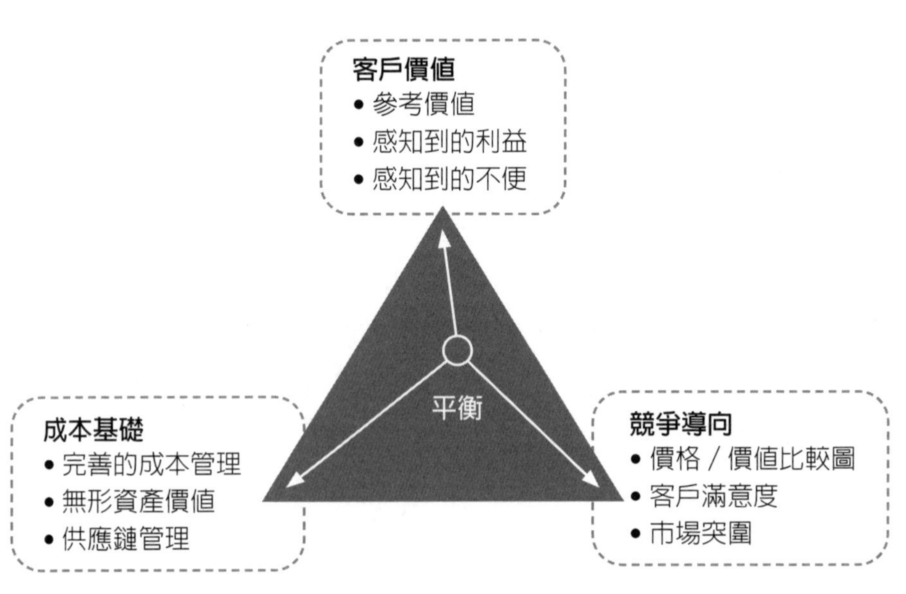

圖3.8 三種基本定價方法

企業必需慎重爲產品定價，參考所有因素，分別考慮上述之三種基本定價方法並試著在3C中尋求他們的平衡點，此3C分別爲客戶（Customer）、競爭者（Competitor）與成本／公司（Cost/Company）。進行計分與比較時，可以利用三個頂點的雷達圖。

3.8.1 以成本為基礎的定價方法

考量產品成本時，企業自然要有一套完整和嚴謹的成本會計制度。爲了便於成本計算，將組織內部所有部門區分成「利潤中心」（Profit Center）與「成本中心」（Cost Center），最好有物流資訊系統的協助，計算產品的單位成本，即計算產品的變動成本，分攤固定成本與無形資產的價值，對外還需注意供應商與供應鏈管理等。在產品的單位成本基準上，加上期望利潤值或乘上一定的倍率即可得到所要的價格，這也是很多企業最常用的方法。

3.8.2 以競爭為導向的定價方法

價格／價值比較圖類似圖3.2，可在不同競爭對手的產品之間進行比較，參見圖3.9。圖中的斜線稱爲公平價值線，位在斜線上方的產品是價格高於感知價值。反之，位在下方的是物美價廉的產品。客戶對產品價值的認可度愈高，他們就愈不在乎價格。此工具還可幫助企業一目了然地看清市場上各家的產品定位，也可根據客戶對特定產品或服務在合理價位與感知價值之間進行調整。在電腦市場上，筆記型電腦相同售價的產品每一年都提升規格，爲的是增加特定客戶的感知價值以增加市場競爭力。

進階使用本工具時，需考慮公平價值線是可以漂移或改變斜率的，收集市面上所有產品資料並進行線性迴歸（Linear Regression）計算以確定公平價值線的位置。每隔一段時間重新計算公平價值線，可以瞭解市場環境的變化趨勢，決定是否提升價值或增加價格？幅度是多少？平面上可以看出產品的分布情況，是否有聚集現象？客戶群體是否對價格不敏感？可以利用不同顏色分別代表主要產品、新進產品或既有產品等。另外，縱軸的價格可以區分出高價位、中價位與低價位。

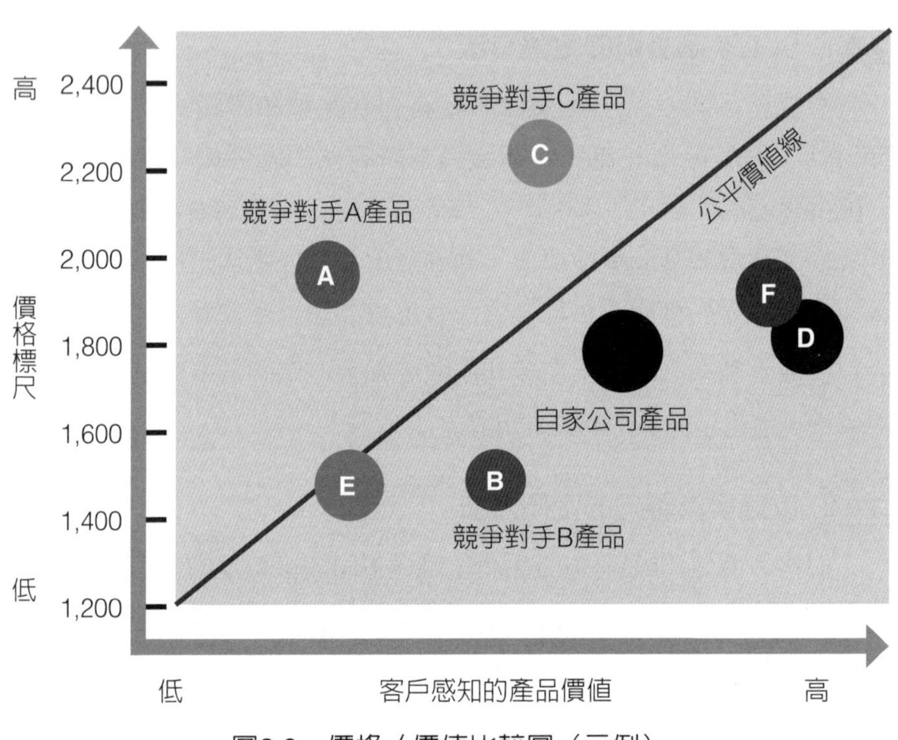

圖3.9　價格／價值比較圖（示例）

3.8.3 基於客戶價值的定價方法

基於客戶價值的定價概念可以用圖3.10加以說明。首先決定基本價格，就保守策略而言，順著圖3.9中的公平價值線，提供基本屬性的價值刻度即可決定產品的基本價格。雖然資料取得不易，但市場上各產品的平均成本也可當作參考價格。激進的定價策略則選定市場上排名第二產品的價位。

接著決定因產品差異化所增加的價值並量化成金額，客戶感知到的差異化屬性、功能或增值服務中有些具有正面意義，另有些則不被客戶喜歡。加總基本價格和正面感知價值再扣除負面感知價值後即可得到產品的整體價格。實際進行價格估算時，可利用電子試算表或會計相關軟體。

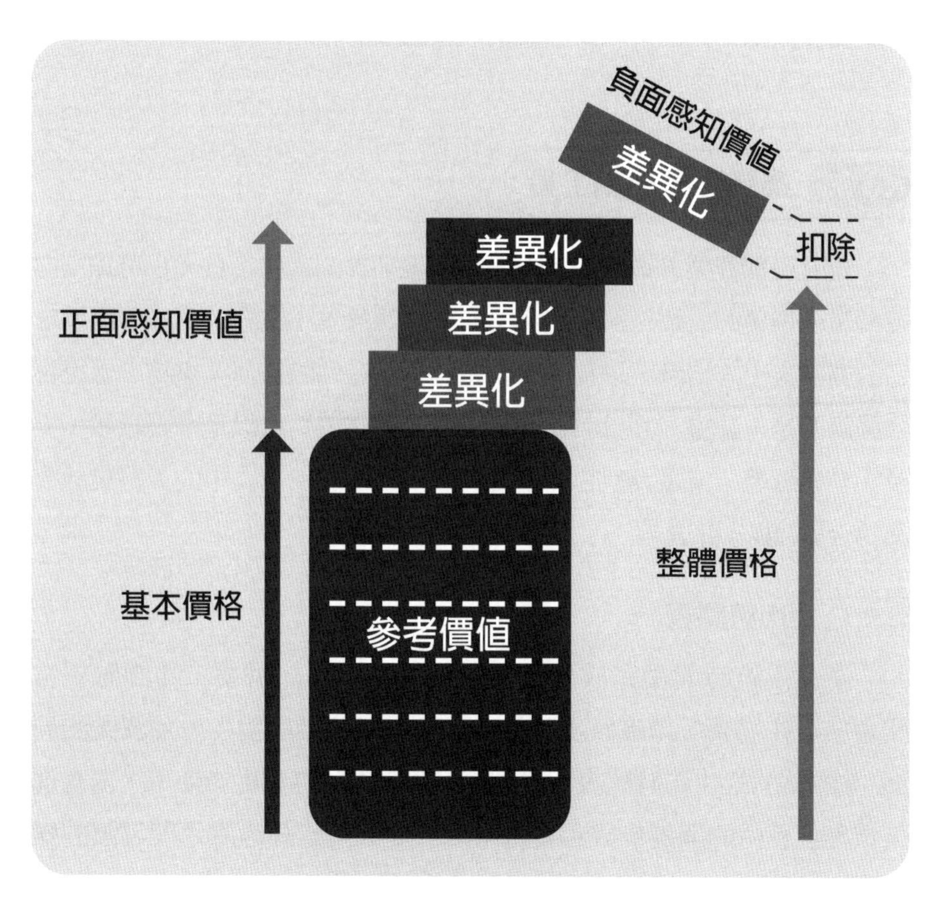

圖3.10　估算價格／價值說明圖

瞭解客戶購買產品或服務背後的原因，記得要分析客戶價值鏈。交易活動可以區分為購買前、購買期間、售後／使用中，以及廢棄／

回收處理等不同階段。整體活動過程中進行客戶關係管理，並思考如何降低客戶的成本並節約時間。在購買前提供充足的資訊，以尊重客戶爲基本信念，購買期間對生客要有禮貌、對熟客要有熱情，如果產品走高端路線，還要讓客戶在社會心理學上得到滿足。強烈建議早在產品設計時，邀請測試人員、行銷人員和售後服務人員等一起討論如何將易於測試、維修，以及回收納入產品設計理念之中。

3.9 業務推廣相關工具

上文已簡介業務推廣的工作綱要，現列舉的六種工具，也可以反向瞭解業務推廣的大致工作，諸如：商業情報蒐集、文宣／廣告、溝通、造訪關鍵人士、培訓，以及尋求對產品行銷有利的任何人事物。值得再次強調的是，計畫、分析與實踐都重要。這些工具可以是一張紙和一支筆、套裝軟體，或是大型管理系統裡的一項功能。下文中的表格設計大都符合5W2H分析法。

3.9.1 上市時間表

產品上市時間從完成驗收標準到實際發貨，需要工作團隊經常開會與合作協調，以確保及時新產品上市，不至於發生一片混亂的局面。如圖3.11之上市時間表可以和專案管理工具互相配合使用，內含進入市場過程中的關鍵步驟和實施時間。此表可當作團隊之間協調的媒介、管理層與執行層的溝通工具、中級到高級細節的市場計畫，以及相關作業跟進的依據。圖中的呼叫中心（Call Center）又叫作客戶服務中心，W代表星期。研究產品生命週期的歷史資料有助於擬定上市時間表。

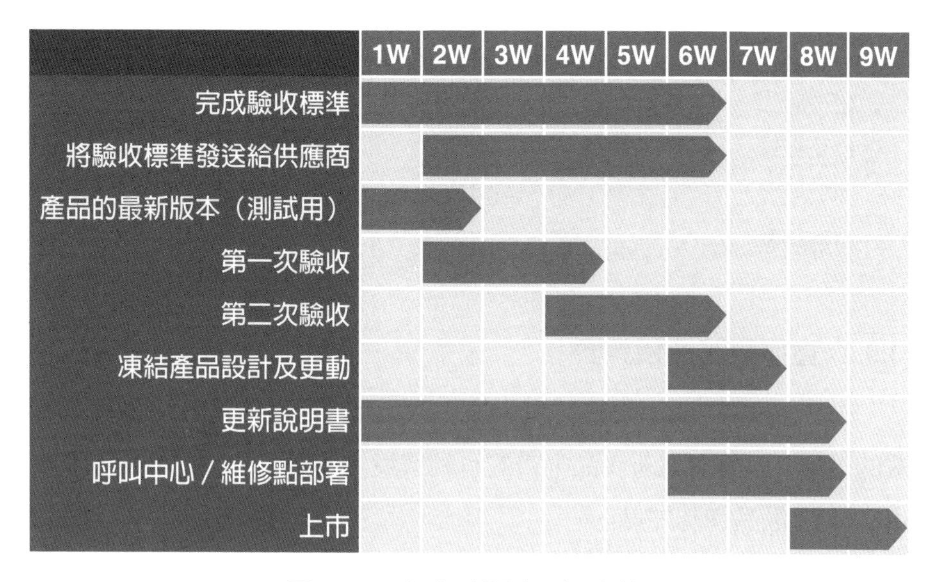

圖3.11　上市時間表（示例）

3.9.2 宣傳時程矩陣

宣傳或推廣的方式很多，主要區分線上與線下兩種，廣告內容也分為「直截了當」與「置入行銷」兩種。如能順應當時消費群體關注的主題和流行話題，可以起到推波助瀾的功效。網路行銷的方式更是五花八門，除了做到誠信以外，還須注意遵守法律、尊重個人隱私，並且不要造成消費者的困擾。表3.10以二維矩陣列出推廣方式和推廣產品，協助規劃和擬定宣傳時程。詳細研究此表，合併相關事件，以及路線排程等都可以節約時間和經費。

表3.10　宣傳時程矩陣（示例）

推廣方式	推廣產品一	推廣產品二	推廣產品三	推廣產品四
現場指導	09/09		11/01	
期刊雜誌	08/07	10/10		09/25
宣傳海報		10/15	10/15	
平面媒體		09/08		09/28

推廣方式	推廣產品一	推廣產品二	推廣產品三	推廣產品四
電視廣告	10/14		10/14	
社交軟體	07/12			
商業展覽		11/15		11/16
特惠活動		12/15		12/16

3.9.3 宣傳與溝通預算表

首先列舉由行銷策略分解出來的實施目標，這些就是需要投入經費的事項，以便營造新產品上市的有利環境，例如：

◆ 提高產品品牌認知度。

◆ 提高產品的市場接受度。

◆ 尋找與培養產品代言人。

◆ 開拓以增加代理商數量。

◆ 增加產品的市場份額。

表3.11是宣傳與溝通計畫表的一個案例，從另一個角度來看，此表可以視爲促銷與公關費用的預算表。

表3.11　宣傳與溝通預算表（示例）

<table>
<tr><th>商業目標</th><th colspan="5">開拓以增加代理商數量</th></tr>
<tr><th>溝通主題</th><th>溝通對象</th><th>關鍵訊息</th><th>溝通形式</th><th>實施時間</th><th>預算金額</th></tr>
<tr><td rowspan="2">增加新產品銷售量</td><td rowspan="2">代理公司副總經理</td><td rowspan="2">創新技術</td><td>宣傳文件</td><td>06/19</td><td>500</td></tr>
<tr><td>登門拜訪</td><td>06/26</td><td>40,000</td></tr>
<tr><td colspan="6">40,500</td></tr>
<tr><td rowspan="3">確認新產品的品質</td><td rowspan="3">代理公司品保協理</td><td rowspan="3">品質保證
驗證報告
保固期</td><td>電子郵件</td><td>07/05</td><td>100</td></tr>
<tr><td>登門拜訪</td><td>07/10</td><td>30,000</td></tr>
<tr><td>品保文件</td><td>07/12</td><td>2,000</td></tr>
<tr><td colspan="6">32,100</td></tr>
<tr><td colspan="6">合計　72,600</td></tr>
</table>

3.9.4 內外部訓練計畫表

對產品行銷而言，內部和外部培訓同等重要，尤其是在上市準備期間，參見表3.12。內部負責宣傳、銷售與品牌管理的員工，以及外部的銷售點與代理商都需要瞭解新產品或升級產品的相關細節。培訓內容源自產品開發、設計，測試與製造階段的各類檔案，並由行銷人員整理成適合課堂或線上學習的教材。企業可建立產品生命週期管理（Product Lifecycle Management, PLM）系統或知識管理系統，以存放產品從概念到製造過程中所有產出的重要圖文檔案，至少可以解決掉煩人的檔案版本控制問題。

表3.12　內外部訓練計畫表（示例）

市場	□北美 □南美 □歐洲 □亞太 □印度 □紐澳 □非洲				
內外部訓練計畫					
培訓對象	培訓方式	實施時間	實施地點	負責人員	預算金額
美國子公司	標準課程	09/08	美國洛杉磯	品牌經理	348,000
維修據點	製造資訊	10/08	高雄苓雅區	客服經理	23,000
外部訓練計畫					
培訓對象	培訓方式	實施時間	實施地點	負責人員	預算金額
經銷商	標準課程	08/08	新加坡	行銷協理	234,000
零售大賣場	現場指導	09/18	義大利米蘭	副總經理	424,200

3.9.5 客戶與現場回饋紀錄表

企業需要建立銷售據點與客服的回饋管道，收集並瞭解來自客戶和現場工程師的抱怨和意見，此工具可以定性和定量方式分析客戶的滿意度。另外，也可以加強與客戶的溝通，以及增進現場工程師和維修點的能力。參見表3.13，本表功能可利用問題追蹤管理系統來實現。

表3.13　客戶與現場回饋紀錄表

欄位名稱	說明
回饋人員	（客戶、經銷商或現場工程師等）
回覆地／聯絡方式	（回報處理情況）
回饋時間	（記錄事件的初始時間）
問題／現象描述	（可先進行問題分類）
資料收集類型	（系統資料或電子檔案）
下次追蹤／檢視時間	（以問題的嚴重程度訂立時間）
負責部門	（解決問題並確認新版產品功能正常）
負責人員	（負責部門主管）

3.9.6 攻防戰訊息表

行銷人員在產品開發團隊的說明下，於產品準備上市期間盡量收集並解決相關問題，以便整理出如表3.14之攻防戰訊息表，未來成爲銷售人員和售後服務工程師等傳遞與學習的資料。此一覽表列舉產品中各種關於規格和使用上的問題、測試時發現的狀況、客戶的回饋，以及銷售話術等，陳述已知或預期競爭對手的反應，並總結我方公司的解決辦法。

表3.14　攻防戰訊息表（示例）

問題或特徵描述	競爭對手怎麼做	我們怎麼做
使用常規控制臺	沿用以符合使用習慣	增加兩個新按鈕
進料控制校準	首次自動，其餘微調	一鍵自動到底
照明裝置	兩種類型燈管	單一燈管設計
外殼設計	多件組裝	單一成形
適用電源	僅有110伏特	110和220伏特通用
保固期損壞處理	保修	兌換新品

第四章

商業模式與商業計畫書

針對特定產業的潛在新進者、一家企業想要轉型或新增產品事業線，三者都需要先設計一套商業模式。參見圖2.2，站在新進者方框的位置環顧四周，前有同業競爭，外圍有大環境的影響，創業者或顧問應該如何開始規劃一套商業模式呢？

所謂的商業模式即認眞察看並衡量擁有的資源技術、分析客戶來源、評估可以提供客戶（或消費者）什麼價值或解決他們什麼問題、規劃可實現的流程，並且預算出可以盈利的財務模型（Financial Model）。在規劃商業模式時，如無行家諮詢協助，則最好先進行市場調研，詳見第二章的說明。

4.1 商業模式規劃

想要創立一家新公司，首先要瞭解主要市場在哪裡？或是如何在既有市場中占有自己的份額？找出目標客戶或是容易開發的客戶，盤點核心競爭力及創新產品與服務。接下來籌建團隊，聚集一群有共同理想的夥伴。什麼樣的人方能稱得上是夥伴呢？組織一個同心協力的團隊很難，因爲每個人的個性和習慣不同，基本條件和預期心理也有差異。團隊從生成、發展而茁壯的過程必需經歷許許多多的磨難與背叛。有兩個很簡單的測試方法，如果你願意和這個人一起去旅行，那麼他就値得和你一起去創業，還有就是願意分享彼此的人脈。團隊中整合足夠的資源和多樣性技能，並且可以各司其職、相輔相成、群策合力。倘若缺乏資金，想要融資或找人投資，則必需先著手寫一份可以取信並說服金主的商業計畫書。如果有人想在公司成立新的事業部，也可以利用商業計畫書贏得上層的關愛與資金挹注。

每家企業的條件都不同，進入市場的時機和情況也有所區別，所以每家企業適合的商業模式都不一樣。成功不可複製，失敗卻可借鏡，因此套用成功的商業模式案例須小心。本章將介紹一套簡易但完整的商業模式規劃工具，在*Business Model Generation*一書中將商業模式分爲「己方與成本」和「客戶與收益」兩大區塊，並以「價值主張」爲紐帶，將這兩大區塊連結起來。其中「己方與成本」與「客戶與收益」又各分爲四個部分，如圖4.1所示，所以此商業模式裡共有九個部分或維度。製作草稿時，先在白紙上畫出九宮格或表單並填寫相應的內容，參見表4.1。

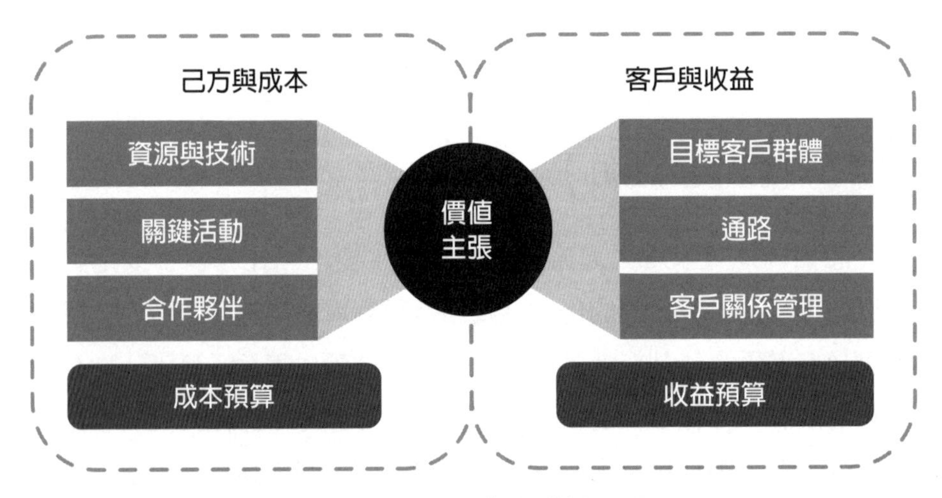

圖4.1　一套商業模式綱要圖

表4.1　商業模式中組成的九個部分

組成部分	填寫內容
資源與技術	進入市場所需的核心競爭力，包括：資產（有形與無形）、人力資源、主要業務和技術，以及成功商品／服務或案例等
關鍵活動	為客戶創造價值、影響市場、維繫客戶關係與增加收益的重要活動
合作夥伴	經營時，可以強化企業或彌補不足的重要合作夥伴，例如：供應商、外包商、顧問團隊或建立策略聯盟的公司等
成本預算	主要且必要的成本，例如：資源與技術的成本、關鍵活動的成本，以及合作夥伴的公共關係成本，並描述成本結構
價值主張	瞭解客戶真正的需求是什麼？新公司能夠為客戶提供什麼？通過什麼商品和服務解決客戶問題，並滿足其需求或為客戶創造價值
目標客源	確定客戶族群，從市場中尋找並切割出與產品／服務相關的重要客戶族群（市場區隔），比較不同客戶族群，找出優先順序
通路	敘述如何與客戶交流以傳遞創造出的價值
客戶關係管理	企業與客戶族群之間有什麼樣的關係，這種關係如何建立與維繫，盡可能地列舉出企業現有的客戶群體
收益預算	從客戶族群獲得的收入流。預算出毛利，或進行本量利分析（Cost Volume Profit Analysis，簡稱CVP Analysis）。利潤除以成本顯現出預計經營效率。照顧好客戶與員工，收益自然就會滾滾而來

現提供一個商業模式案例，某一家生產中小企業員工薪酬計算軟體系統的公司正計畫引進雲端服務（Cloud Services），從員工薪酬核算系統（套裝軟體）與諮詢業務開始，逐漸聯結供應商與客戶群體，最終變成該行業的電子商務網路平臺。表4.2顯示第一年的商業模式案例。

在規劃商業模式時，可以分階段或分年度規劃，例如：分別編寫出往後三年的商業模式。比方說，第一年推銷具有某一特殊功能的雲端軟體功能服務以打開市場，第二年提供附加功能給原有客戶，第三年起逐步經營成一家聚焦電子商務的公司。如果使用技術是擁有專利的，那這項技術也是一種無形資產。與SWOT分析相比，本商業模式對外僅列舉了機會而忽略了威脅；對內則強調優勢而避開了劣勢。因此，規劃報告中最好也附上一個SWOT分析圖。

表4.2　商業模式案例

組成部分	填寫內容
資源與技術	• 完整與成熟的中小企業管理系統 • 超過140家成功中小企業案例 • 多家企業的經營與財務資料（用於銷售演示） • 多年在中小企業進行薪酬管理諮詢的實際工作經驗 • 同時擁有管理理論與資訊技術的雙重技能 • 多年資料中心營運的實際經驗 • 同時瞭解國內外的行業環境與相關工商規定
關鍵活動	• 提供中小企業一個快速、最佳實踐的員工薪酬核算工具 • 利用現有的資訊系統植入員工薪酬核算功能 • 提供一個功能表的選擇方式，中小企業依據需求選用系統功能 • 採用軟體即服務方式（SaaS），降低中小企業實施成本 • 提供現場諮詢與培訓服務 • 提供資料中心與檔案格式解說的服務 • 提供自動會簽，將每月薪酬資料自動傳到開戶銀行 • 提供系統維護與客製化服務
合作夥伴	• 大學教授群（線下培訓業務） • 專業管理公司諮詢顧問群（線下培訓業務） • 美國顧問團隊（先進的管理和資訊技術諮詢與培訓）

組成部分	填寫內容
成本預算	• 系統使用費用（公司內部攤銷） • 伺服器和記憶空間租賃費 • 業務人員2名（人事費） • 資訊人員2名（網路版＋APP） • 資料中心人員（兼技術諮詢顧問）1名或2名
價值主張	• 快速完成中小企業每月合理計算員工薪酬的例行工作 • 提升客戶滿意度，維繫原有客戶並增加其他子系統的銷售量 • 成為中小企業忠實可靠的企業管理專業顧問 • 減少客戶員工的流動率
目標客源	• 以國內的各服務業及買賣業的中小企業為主要目標客戶群 • 以製造業為次要目標客戶群
通路	• 參加商展說明會 • 透過與當地中小企業群關係良好的人士引薦 • 協同工商協會帶頭接洽 • 自由接單的合作業務人員仲介 • 主動拜訪中小企業潛在客戶
客戶管理	• 以優良線上服務為施力點 • 親切與專業的資料中心與檔案規格管理 • 加強實際的客戶管理以增加客戶黏著度
收益預算	• 一年10家中小企業客戶，每家收費150萬元（新臺幣，下同），預估年收益1,500萬元 • 培訓課程轉介服務200萬元 • 第一年有6家客戶的業績就可打平變動成本

4.1.1 財務模型

建立財務模型是爲了預估資金需求，在經營初期也可以當作資源配置的參考。根據預期目標（成長性與獲利性），估算需要多少市場占有率、營業額或服務量才能達到損益平衡。實際操作時可使用電子試算表工具，橫軸是時間，以年度或月分爲單位，縱軸分出主要收入與主要支出（成本／費用）兩大部分。收入減去支出即可得到利潤，從而可以編列現金流量表。主要的費用如不動產、廠房、設備、房屋租金與員工薪資等需要分攤的細項。

盈利模式設計收入結構與來源，而收入來源如商品銷售、服務、租賃、會員制、佣金、廣告、保險、版權、使用權，以及門票等等。

如圖4.2所示之本量利分析圖是一種最有用且最簡單的財務模型，適用於銷售業與服務業。固定成本分攤加上變動成本形成總成本，總收入線與總成本線交叉的地方就是損益平衡點，可以估算出保本銷售額與保本銷售量。

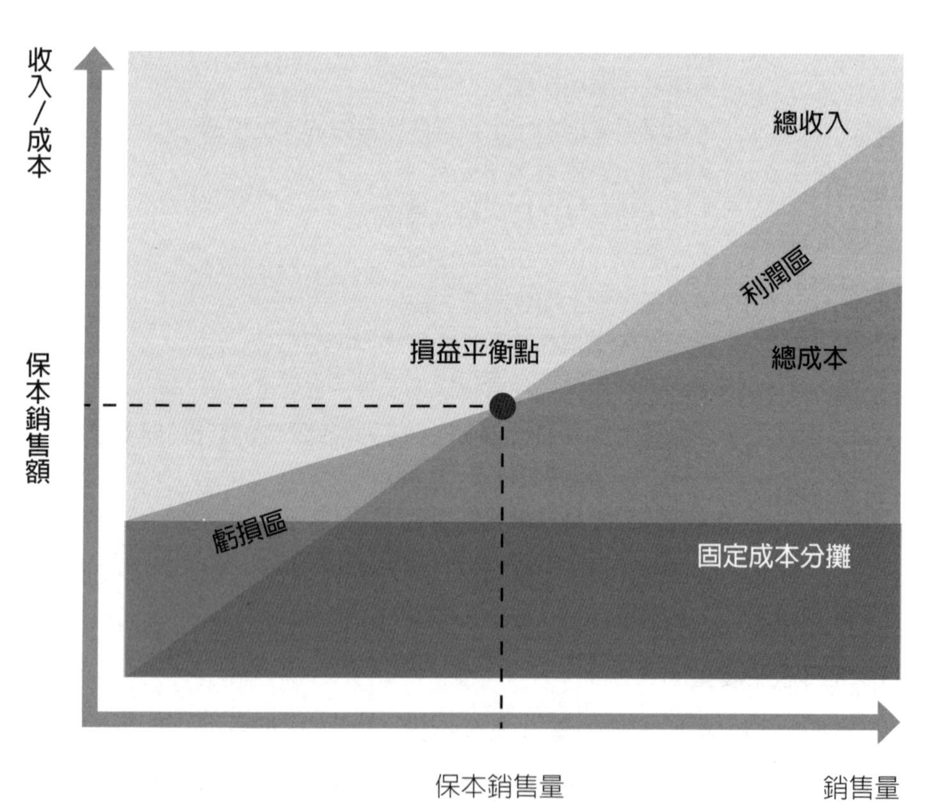

圖4.2　本量利分析圖

4.1.2 商業模式的不同層面

商業模式的範圍可大可小，可以跨年度、跨國也可以跨產業領域。商業模式一般需要分階段，由小而大逐年實現。將國內生產過剩的產品銷往有需求的其他國家是有利可圖的。跨領域的例子很多，例如：煉鋼廠的爐渣可以用於鋪設道路；養老事業、中藥植物園與復健醫療服務也可以強強聯合。圖4.3顯示一張商業模式簡圖，計畫將高端醫療美容、保險業、國際旅遊與度假村結合在一起並進行連鎖／加盟經營，此模式尤需注意中央管控、標準化與可複製性。客源是商業模式中最重要的「切入點」。

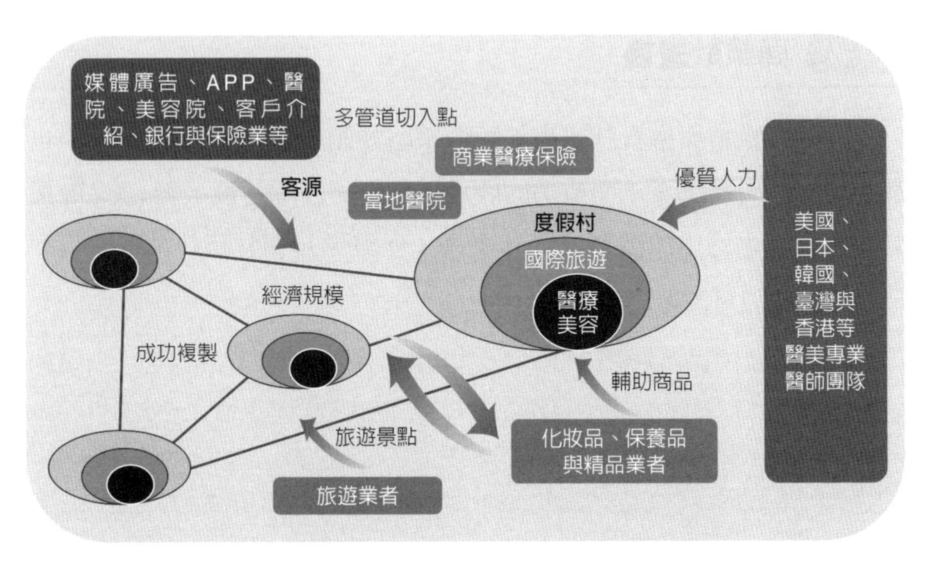

圖4.3　商業模式也可以從一張圖開始規劃起

商業模式也可以上升到資本層面。《資本的遊戲》一書中講述了許多巧妙的資金操作，例如：「借雞生蛋」、「買雞還蛋」、「典船借槳」，以及「畫餅賒帳」等。這些操作繼承了古老智慧，但也會被歸類成奸商之流。「資源重整」或「空手套白狼」只有一線之隔，經常難以區別。尤有甚者，嚴格意義上來說，「龐氏騙局」（Ponzi Scheme）也是一種商業模式，利用老鼠會形式，以投資爲名，行詐騙之實。即使是正經八百的投資案，成功的概率也很小。一旦失敗，也很可能會有騙局之說。

商業模式也可以擴展到經濟政策層面。將工業園區裡高污染和傳統產業移出並引進高科技產業，或是從勞力密集型產業轉型到技術密集型產業都是一種「騰龍換鳥」的產業政策或發展策略，李顯龍總理也曾說過他利用此政策使新加坡的經濟更上一層樓。

4.2 商業計畫書

商業計畫書與融資計畫書都類似策略規劃報告（參見表2.7），也都以市場調研爲基礎，而成功的關鍵是創新與回本速度。表4.3之商業計畫書模板也適用於編寫融資計畫書，但需更強調財務計畫與風險評估，以及增加資金退出機制部分。

表4.3　商業計畫書模板

封面頁	
第一章 外部環境分析	外部環境／PEST分析，包含國際／全國共通性與地區差別情況： • 政治環境 • 經濟環境 • 社會環境 • 技術環境
第二章 市場分析	行業市場現況分析（含國內及主要外國） 客戶需求／客戶群體分析／目標市場 消費方式／支付模式／消費行為分析 市場增長預測／行業發展趨勢
第三章 競爭者分析	市場分布情況 現有競爭者的商業模式分析 供應鏈分析 跨界整合模式
第四章 營運計畫	三到五年的發展策略 新產品／新服務優勢 商業模式／行業創新模式 市場定位／行銷計畫 公司介紹／團隊成員介紹 時間推進表／甘特圖
第五章 財務預算	財務模型／盈利模式／本量利分析 三至五年費用與收益預測 投資計畫／融資計畫
第六章 風險與對策	外部環境的威脅與對策 競爭者的威脅／行業壁壘與對策 新技術的威脅與對策 內部的劣勢與對策
附件	

第五章

企業文化與諮詢評估

一流企業靠文化，二流企業靠管理，三流企業靠市場，四流企業靠關係。又有人說：大公司管理靠文化，中型公司管理靠制度，小公司管理靠老闆以身作則（另一說是老闆個人的領導魅力）。唯利是圖的企業文化將導致員工不道德的商業行爲，嚴重一點還可以影響企業的永續經營，所以企業文化的重要性可見一斑。

企業除了科技創新外，應該還有人文關懷，也就是物質與精神並重。一旦開始注重文化和形象時，就代表公司已具規模，並且在產業間占有一席之地了。企業需要定期進行文化審查，確定經營方式沒有偏離航道。但問題來了！企業文化是什麼？企業文化如何形成、維繫與推廣？企業文化可以改變嗎？企業文化如能改變，需要多長時間呢？在下文中都可以找到答案，最後強調，如果企業文化無法爲公司創造利潤，經營者就需考慮文化革新，以便對未來發展做好準備工作。

5.1 企業文化概論

企業文化又稱爲組織文化，可以在維基百科（Wikipedia）查到定義。企業文化有顯性與隱性之分，顯性部分如標識、符號、組織語言、工作環境與室內布置、規章制度、儀式活動、用人準則，與組織架構等；隱性部分如共識、價值觀、歷史事件、信仰、組織哲學、道德規範與組織精神等。企業文化就是由上述共有的顯性與隱性因素影響、認同與內化後表現出來的獨特行爲模式、爲人處事方法，以及決策選擇時的基準等。

先賢曾國藩的〈原才〉一文中表示，社會風氣的敦厚與淡薄僅僅受到一兩個人的影響，愈是賢者與智者愈能引領社會風潮的走向。他更期望智者能身處權勢的制高點，全面地規範與統一正確的社會風氣。歸根究柢，社會風氣乃至於國家整體文化主要由少數統治者所塑造及影響的。從小處講，一家企業的主要文化由其創建者（或經營者）因權利決定，次要文化由潛在的意見領袖因能力決定。無論是哪一種形成原因，企業文化都需要長期的時間積累與沉澱。

企業文化就是高層管理人員的認知、態度、做事風格、個人喜好與習慣等等。說得再簡單一點，管理層的少數人大致上就決定了企業整體的文化表現了。子公司的企業文化會受到母公司的深深影響。如果老闆自認是公司裡最聰明的，凡事都是他說了算，大開「一言堂」，那麼這家公司想要推行組織學習無異是「竹籃子打水」。若老闆用人唯親而不是用人唯才，有能力的圈外人就會選擇掛冠求去。喜歡窺探員工電腦螢幕的老闆也得不到員工的信任。使用非法軟體的企業不配經營一家以出品軟體爲主的資訊公司。創建者在籌建公司時一定有個創業初衷，如同第一章講述的公司願景、使命與價值觀。

企業存在於社會之中，所以企業文化自然會受到社會文化的影響。我們當然希望影響是正面的，但若有負面影響呢？只能心存正念，與其詛咒社會的黑暗，不如在自己的公司點燃一道亮光。資本家和企業家是最有機會摒除不良的社會風氣，在自己的公司內部營造一個光明正大與幸福美滿的氛圍。公司規模愈大，愈需要道德力量的支撐。企業主本來就須具備更高的道德標準，否則誰願意追隨並和他們共同承擔風險呢？

廣大的股民都知道，投資企業其實就是投資企業主個人，必然會關注企業主的人品、家庭成員、居家生活與交友關係等。換言之，選購股票之前要先探聽好這家企業老闆是否不鬧緋聞？是否專心於事業經營？

5.2 企業文化類型

每一家企業的文化都不相同，但爲了快速分析與瞭解一家企業的文化，我們可以先將企業進行歸類。學術界已有很多企業文化分類方面的研究，如美國兩位教授K. Cameron與R. Quinn的文化分類模型，以及瑞士丹尼森（Denison）教授的組織文化模型等。現參考這些模型將一般企業區分成四種基本類型。圖5.1利用「對外部市場的關注度」與「對個體重視的程度」兩個維度將企業文化大略地區分成：「自主創新」、「業績導向」、「組織控制」，以及「人本安定」四種類型。

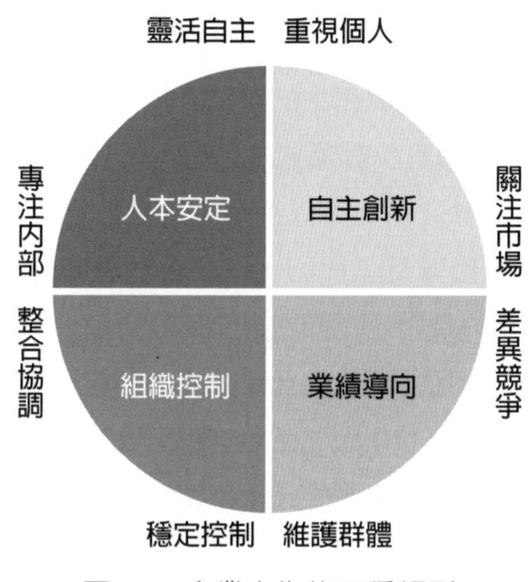

圖5.1　企業文化的四種類型

表5.1分別舉例並說明此四種企業文化類型。市場經濟取向的企業對外部市場的關注度較高。反之是內向型的，例如：符合政府計畫經濟的企業。兩者對經濟的波動呈現消長關係，即在經濟起飛年代，對市場經濟取向的企業有利。反過來說，在經濟低迷年代符合政府計畫經濟的企業較爲穩定。重視個體的企業以人爲本，反之則注重組織的整體利益。

表5.1　四種企業文化類型及其說明

類型	說明	例子
自主創新	此類企業如處創業階段，員工大都靈活主動、不拘一格。為了適應市場變化，組織結構簡單，開放式管理，經營少數菁英，重視員工職業生涯規劃，或上下一起拼搏，共同面對市場的機會與風險，尊重客戶，講求服務創新多過財務指標	經紀公司、高端科技公司、律師事務所
業績導向	此類企業的經營方式深受市場與客戶的影響，強調策略管理，內部設立經營目標，實施預算與績效考核，員工感覺壓力比較大。有鮮明的組織架構，鼓勵內部不同事業群的良性競爭，重視組織學習，個人的績效表現以達成既定指標為主	一般產業與服務公司
組織控制	此類企業有穩固的層級結構與嚴謹的規章制度，要求員工配合、守紀律、按部就班。凡是講求維穩與可預測性，流程設計以防止舞弊為主。重視資源配置、協調與整合	政府部門、流水線工廠
人本安定	此類企業採人性化與鬆散式管理，甚至自主管理，提供豐富的培育與訓練資源，實施師徒制或導師制，營造並維持一個溫馨的工作環境。若舉行最佳雇主排行比賽，此類企業可包辦前幾名。員工主動積極，參與度高，同事之間互助互信，可視為家庭的延伸	研究型大學、新藥開發公司

企業文化類型在價值觀的引導下將產生不同的特徵或表現方式。反過來說也可以，即不同的特徵或表現方式組合成不同的企業文化類型，參見表5.2。

表5.2 四種企業文化類型及其特徵或表現方式

類型	特徵	類型	特徵
人本安定	安逸溫馨	自主創新	主動靈活
	信任肯定		創新變革
	授權榮譽		組織學習
	協同互助		英雄明星
組織控制	規章制度	業績導向	群體競爭
	階級服從		績效考核
	過程監控		結果導向
	維穩消極		產業排名

5.3 企業文化評估

進行企業文化諮詢的第一步是企業文化評估。問卷調查的定量分析法雖然可行，但此處宜採用定性分析中的訪談法，通過關鍵詞的歸類和頻率分析以確定企業文化類型和文化變革的特徵細節。資深的顧問應該有辦法從觀察法中分辨企業文化，但仍需資料佐證。章節2.5.1介紹了問卷調查的定量方式，圖5.2則舉出訪談定性調查的程序。

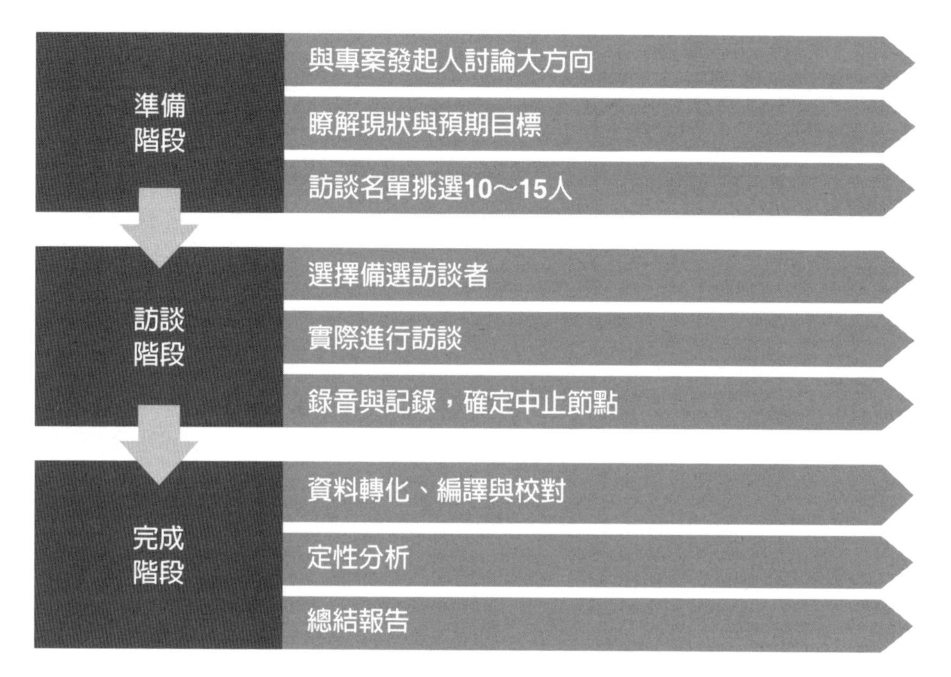

圖5.2　訪談定性調查的程序

在專案實施前期，顧問需要與對接人員討論訪談內容的大方向，採取一對一訪談方式，選擇關鍵訪談對象10至15人。實際訪談時，若顧問確定已經獲得答案，即可終止訪談活動，不必要所有人員都需訪談一次。反過來說，如果第一輪訪談活動結束後仍未有結論，可以展開下一輪訪談備選者，不過這種情況是非常少見的。

5.3.1 方法一

爲了迅速瞭解企業現有與期望的文化類型，收集與表現方式相關的關鍵詞，通過如圖5.2之程序，顧問可以利用如表5.3之兩個簡單的選擇性問題，導引出粗略的答案。調查對象選擇其中最適合的一種，但也可以是兩個類型。因爲選項之間有對立關係，理論上選擇「1與3」或「2與4」。一旦顧問確定答案或已收集足夠樣本即可中止訪談，並進行後續的分析與編寫報告。

表5.3　訪談內容綱要

公司名稱：		
現狀	請從右欄四個企業文化中挑選兩個最接近貴公司的描述，為什麼？	□ 人本安定 □ 自主創新 □ 業績導向 □ 組織控制
期望	您希望公司應該是什麼樣文化類型，請從右欄中選出其中一到兩種，為什麼是這一種或這兩種？	□ 人本安定 □ 自主創新 □ 業績導向 □ 組織控制

訪談中注意傾聽並記錄關鍵詞，經常出現的詞稱爲「高頻詞」（High Frequency Words）。原則上，出現愈多次的關鍵詞愈重要，出現愈早的關鍵詞也愈重要。圖5.3顯示高頻詞及其出現的次數，並以圓圈面積反映次數的多寡（長條圖也有相同效果）。圖5.4則列出關鍵詞出現時間的先後關係。定性分析時最好有軟體工具協助，可以節約清洗大量文字內容的時間。顧問整理資料並分析關鍵詞，最終歸納出甲方企業文化的類型，以及期望進行調整的文化細節。

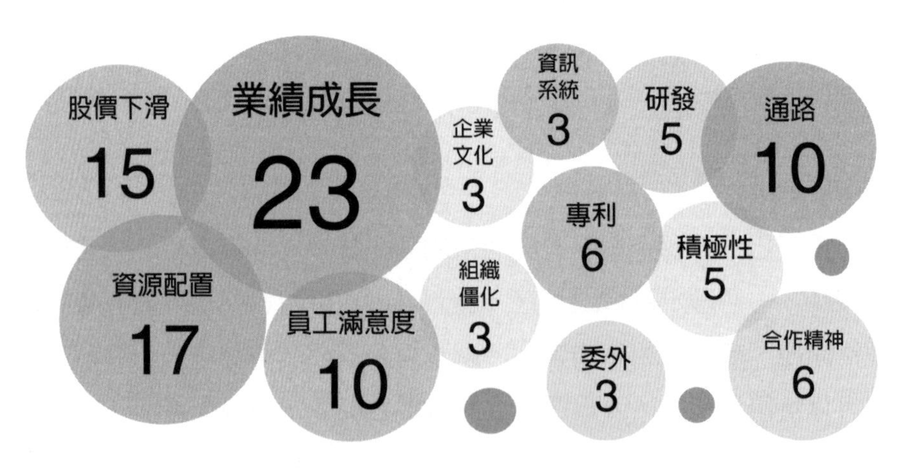

圖5.3　高頻詞示意圖（數字代表出現次數）

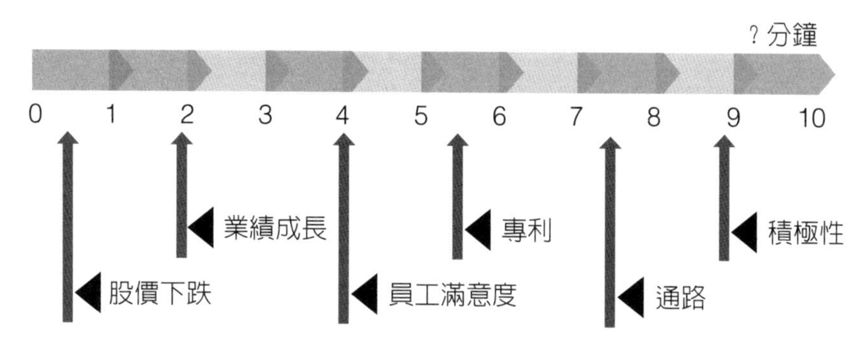

圖5.4　訪談時記錄關鍵詞第一次出現的時間（示例）

5.3.2 方法二

利用下列六個表單與問題以進行深入訪談，配合定量分析以計算出確切的答案。訪談中可根據企業的常用同義詞代替，受訪者通過觀察與體驗等方式來支援其論點。參見表5.4～表5.9。

表5.4　訪談內容大綱並配合問卷調查（企業特質構面）

企業特質						
類別	縱軸	橫軸	特徵	參考問題	現狀	期望
人本安定	靈活自主 重視個人	關注內部整合協調	安逸溫馨	企業非常尊重個人與人才建設，感覺起來像是一個和樂的大家庭，每位員工都願意投入與參與，並分享彼此的喜怒哀樂與技能？		
			信任肯定			
			授權榮譽			
			協同互助			
自主創新		關注市場 差異競爭	主動靈活	企業會隨時注意環境變化與客戶／消費者需要而進行策略調整與產品開發，並且鼓勵員工具有創新與冒險的精神？		
			創新變革			
			組織學習			
			英雄明星			
業績導向	穩定控制 維護群體		群體競爭	企業是以結果為導向，關注外部市場變化。注重品質與服務，員工彼此之間是競合關係，是否完成既定目標是考核的重點？		
			績效考核			
			結果導向			
			產業排名			
組織控制		關注內部整合協調	規章制度	企業的組織架構與制度都很嚴謹和齊備，員工被要求按部就班、依循固定程序做事，並且有完善的內控與稽核？		
			階級服從			
			過程監控			
			維穩消極			

表5.5　訪談內容大綱並配合問卷調查（領導力構面）

領導力						
類別	縱軸	橫軸	特徵	參考問題	現狀	期望
人本安定	靈活自主重視個人	關注內部整合協調	安逸溫馨	企業重視員工的領導力與能力發展，做到有效溝通，並且提供充分的培訓課程以幫助員工成長？		
			信任肯定			
			授權榮譽			
			協同互助			
自主創新		關注市場差異競爭	主動靈活	企業的領導力表現在主動擔當、創業模式、創新精神、持續變革與承受風險？		
			創新變革			
			組織學習			
			英雄明星			
業績導向	穩定控制維護群體		群體競爭	企業是策略導向，工作氛圍是積極向上、不拖泥帶水。制定工作目標，並以實施結果為考核重點？		
			績效考核			
			結果導向			
			產業排名			
組織控制		關注內部整合協調	規章制度	企業的領導力表現在整合與協調能力、組織能力、管控能力，以及四平八穩處理事情的能力上？		
			階級服從			
			過程監控			
			維穩消極			

表5.6 訪談內容大綱並配合問卷調查（員工管理構面）

<table>
<tr><th colspan="7">員工管理</th></tr>
<tr><th>類別</th><th>縱軸</th><th>橫軸</th><th>特徵</th><th>參考問題</th><th>現狀</th><th>期望</th></tr>
<tr><td rowspan="4">人本安定</td><td rowspan="8">靈活自主
重視個人</td><td rowspan="4">關注內部整合協調</td><td>安逸溫馨</td><td rowspan="4">對於員工管理，企業比較強調團隊合作、協調性，以及員工的參與感？</td><td></td><td></td></tr>
<tr><td>信任肯定</td><td></td><td></td></tr>
<tr><td>授權榮譽</td><td></td><td></td></tr>
<tr><td>協同互助</td><td></td><td></td></tr>
<tr><td rowspan="4">自主創新</td><td rowspan="8">關注市場
差異競爭</td><td>主動靈活</td><td rowspan="4">企業比較強調個別員工承受風險的能力、是否能創新，以及崇尚個人自由與獨特性？</td><td></td><td></td></tr>
<tr><td>創新變革</td><td></td><td></td></tr>
<tr><td>組織學習</td><td></td><td></td></tr>
<tr><td>英雄明星</td><td></td><td></td></tr>
<tr><td rowspan="4">業績導向</td><td rowspan="8">穩定控制
維護群體</td><td>群體競爭</td><td rowspan="4">員工之間高度競爭，強烈要求員工確實達成任務並給予獎勵？</td><td></td><td></td></tr>
<tr><td>績效考核</td><td></td><td></td></tr>
<tr><td>結果導向</td><td></td><td></td></tr>
<tr><td>產業排名</td><td></td><td></td></tr>
<tr><td rowspan="4">組織控制</td><td rowspan="4">關注內部整合協調</td><td>規章制度</td><td rowspan="4">企業比較強調就業保障、依從性、可預測性，以及關係的穩定性，或是有「鐵打的營盤，流水的兵」現象？</td><td></td><td></td></tr>
<tr><td>階級服從</td><td></td><td></td></tr>
<tr><td>過程監控</td><td></td><td></td></tr>
<tr><td>維穩消極</td><td></td><td></td></tr>
</table>

表5.7　訪談內容大綱並配合問卷調查（凝聚力構面）

凝聚力						
類別	縱軸	橫軸	特徵	參考問題	現狀	期望
人本安定	靈活自主重視個人	關注內部整合協調	安逸溫馨	凝聚企業的力量是忠誠與互相信任。所有員工都盡心盡力，希望企業愈做愈好？		
			信任肯定			
			授權榮譽			
			協同互助			
自主創新		關注市場差異競爭	主動靈活	所有員工都致力於創新與發展，都希望自己取得最前沿的位置。員工之間彼此信任，上級能做到充分授權？		
			創新變革			
			組織學習			
			英雄明星			
業績導向	穩定控制維護群體		群體競爭	企業強調業績與目標達成，積極性與想要贏是員工的普遍態度？		
			績效考核			
			結果導向			
			產業排名			
組織控制		關注內部整合協調	規章制度	企業制定正式的規章與制度並要求嚴格遵守，最重要的是維持一個平穩營運的企業？		
			階級服從			
			過程監控			
			維穩消極			

表5.8　訪談內容大綱並配合問卷調查（價值觀構面）

價值觀						
類別	縱軸	橫軸	特徵	參考問題	現狀	期望
人本安定	靈活自主重視個人	關注內部整合協調	安逸溫馨	企業強調的是人力發展、高度信任、公開、追求員工幸福，以及鼓勵員工參與？		
			信任肯定			
			授權榮譽			
			協同互助			
自主創新		關注市場差異競爭	主動靈活	企業尋找新的資源並創造新的挑戰，嘗試新的事物、探索機會，以及堅持變革？		
			創新變革			
			組織學習			
			英雄明星			
業績導向	穩定控制維護群體		群體競爭	企業注重願景與目標，競爭與績效是日常活動，最重要的是達成困難目標以及贏得市場競爭？		
			績效考核			
			結果導向			
			產業排名			
組織控制		關注內部整合協調	規章制度	企業強調等級觀念，有自己的核心價值觀，認為有效控制與平穩營運才是最重要的？		
			階級服從			
			過程監控			
			維穩消極			

表5.9 訪談內容大綱並配合問卷調查（成功認定構面）

<table>
<tr><th colspan="7">成功認定</th></tr>
<tr><th>類別</th><th>縱軸</th><th>橫軸</th><th>特徵</th><th>參考問題</th><th>現狀</th><th>期望</th></tr>
<tr><td rowspan="4">人本安定</td><td rowspan="8">靈活自主
重視個人</td><td rowspan="4">關注內部整合協調</td><td>安逸溫馨</td><td rowspan="4">企業認為成功是建立在人力資源發展的基礎上，講求團隊合作、員工自動自發，以及對員工的關懷？</td><td></td><td></td></tr>
<tr><td>信任肯定</td><td></td><td></td></tr>
<tr><td>授權榮譽</td><td></td><td></td></tr>
<tr><td>協同互助</td><td></td><td></td></tr>
<tr><td rowspan="4">自主創新</td><td rowspan="8">關注市場
差異競爭</td><td>主動靈活</td><td rowspan="4">企業認為成功是建立在擁有多數獨特或最新穎的產品（服務）基礎上，企業是這些產品（服務）的領導者與創新者？</td><td></td><td></td></tr>
<tr><td>創新變革</td><td></td><td></td></tr>
<tr><td>組織學習</td><td></td><td></td></tr>
<tr><td>英雄明星</td><td></td><td></td></tr>
<tr><td rowspan="4">業績導向</td><td rowspan="8">穩定控制
維護群體</td><td>群體競爭</td><td rowspan="4">企業認為成功是建立在資本效益最大化及在競爭中站在領先地位，在競爭激烈的市場中成為引領者才算勝利？</td><td></td><td></td></tr>
<tr><td>績效考核</td><td></td><td></td></tr>
<tr><td>結果導向</td><td></td><td></td></tr>
<tr><td>產業排名</td><td></td><td></td></tr>
<tr><td rowspan="4">組織控制</td><td rowspan="4">關注內部整合協調</td><td>規章制度</td><td rowspan="4">企業認為成功是建立在效率的基礎上、可靠的交付、平順的行程安排，以及可控成本的產品（服務）都是關鍵？</td><td></td><td></td></tr>
<tr><td>階級服從</td><td></td><td></td></tr>
<tr><td>過程監控</td><td></td><td></td></tr>
<tr><td>維穩消極</td><td></td><td></td></tr>
</table>

經過訪談過程後，分別獲得現況與預期企業文化各特徵的分數，透過統計與正規化（Normalization）計算後，可製成一雷達圖，如圖5.5所示。從中可以發現企業文化原屬於「自主創新」，但期望傾向於「業績導向」。因「組織學習」分數高，所以值得保留下來。

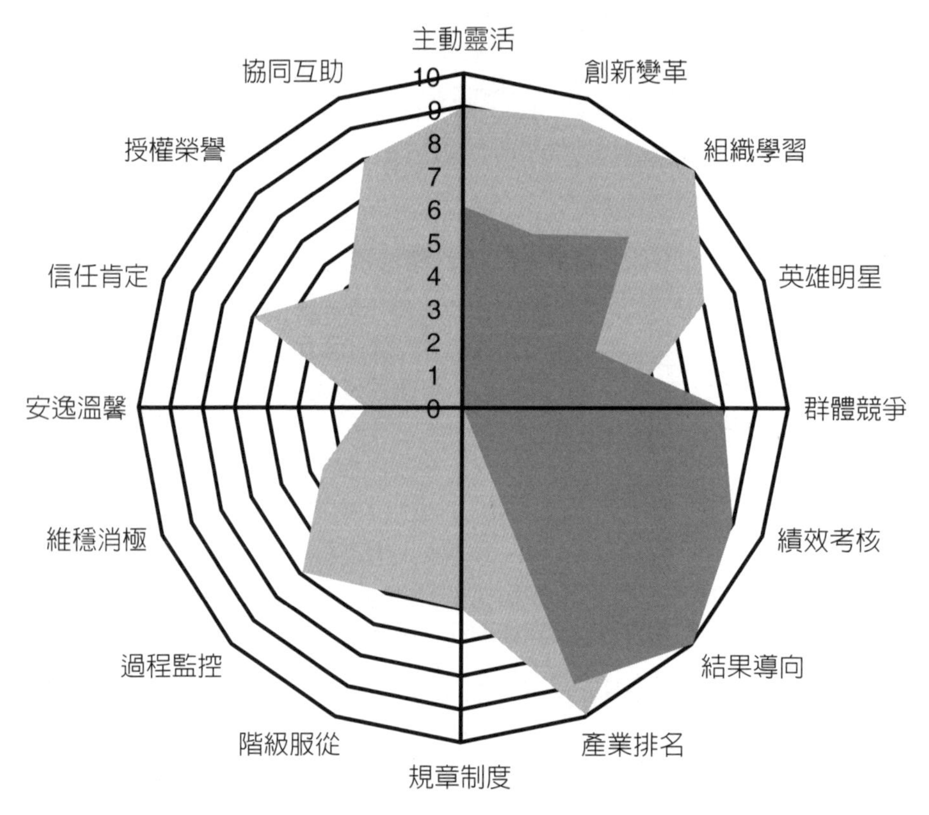

圖5.5　文化類型評估雷達圖（示例）

5.3.3 方法三

上一章節講述的方法二較偏重企業文化類型的挑選，而本方法則適用於企業文化類型確定後，從四個方面深入訪談以決定文化變革的特徵細項。在訪談過程中注意論述之間是否有衝突之處，例如：員工是創新有活力的，但是制度卻是程序化的。通過開放式問題瞭解訪談對象對目前企業文化現狀表現方式的理解。如果對方理解有誤，在分析階段可刪除答案，不納入分析。企業所期望的文化和表現形式一樣通過開放式問題來瞭解。參見表5.10～表5.13。表中的空格可以填入定性描述，也可以填入1、3或10以顯示所選文化維度中表現方式的強度，不用於定量分析，但用於分辨受訪者的理解程度。

表5.10　人本安定之訪談表單

人本安定				
開放式問題	企業非常尊重個人與人才建設，感覺起來像是一個和樂的大家庭，每位員工都願意投入和參與，並分享彼此的喜怒哀樂與技能			
類型描述	企業整體氛圍像宗族文化（或家庭文化），上司一般都願意輔導和培養下屬，員工之間也會彼此互相幫忙			
特徵／訪談內容	員工行為表現	企業制度與特長	現有企業整體的文化氛圍	期望企業文化的走向
安逸溫馨				
信任肯定				
授權榮譽				
協同互助				

表5.11　自主創新之訪談表單

自主創新				
開放式問題	企業隨時注意環境變化與客戶／消費者需要而進行策略調整與產品開發，並且鼓勵員工具有創業與冒險的精神			
類型描述	企業就像剛創業一樣地全力拼搏，管理層與員工都願意承擔風險、創新與開拓新領域			
特徵／訪談內容	員工行為表現	企業制度與特長	現有企業整體的文化氛圍	期望企業文化的走向
主動靈活				
創新變革				
組織學習				
英雄明星				

表5.12　業績導向之訪談表單

業績導向				
開放式問題	企業是以結果為導向，關注外部市場變化。注重品質與服務，員工彼此之間是競合關係，是否完成既定目標是考核的重點			
類型描述	企業做事都講求結果並鼓勵競爭。管理層與員工都以達成目標為己任，積極進取，而且比較不講人情與階級			
特徵／訪談內容	員工行為表現	企業制度與特長	現有企業整體的文化氛圍	期望企業文化的走向
群體競爭				
績效考核				
結果導向				
產業排名				

表5.13　組織控制之訪談表單

組織控制				
開放式問題	企業的組織架構與制度都很嚴謹和齊備，員工被要求按部就班、依循固定程序做事，並且有完善的內控與稽核			
類型描述	企業內做事經常感到受限與障礙，管理層與員工都講究穩定、可預計性，以及程序化			
特徵／訪談內容	員工行為表現	企業制度與特長	現有企業整體的文化氛圍	期望企業文化的走向
規章制度				
階級服從				
過程監控				
維穩消極				

5.4 企業文化諮詢

列寧說：「眞理永遠掌握在少數人手裡」。因此，我們有理由認爲只有少數高階主管才瞭解公司需要什麼樣的企業文化，其餘員工尤其是新進者大都懵懵懂懂。企業文化管理是一項歷久彌新的建設。在進行企業各種諮詢專案時大都需要先瞭解組織內部文化，正確的做法是只需訪談總經理與幾位高階主管就足夠了，不需要到基層，也不需找來非核心業務部門的員工。反之，如果這時顧問對甲方公司內部各個部門的員工都安排一對一和一對多的訪談，多場訪談下來，除了浪費大量人力、時間與出差成本外，不會獲知更多關於企業文化的細節，但倒是可以爲顧問本身創造一個快速瞭解企業內部制度與運作案例的絕佳機會。

儘管有很多人認爲企業文化是虛無縹緲的，不用花時間去管理也無需接受諮詢。實際上與企業文化相關的諮詢專案仍大行其道，例如：企業識別系統（Corporate Identity System，簡稱CIS）與品牌再造等。其實，企業文化、管理方式、品牌行銷與經營體系等是互相關聯的。想改變企業文化先要改變人（的思想），但大家都知道，改變別人很難。常言道：「江山易改，本性難移」。人不會輕易改變，除非遇到生死存亡關頭。由小觀大，企業文化也很難被改變。曾有資料顯示，企業文化變革平均需要五到七年的時間才能看到成效，雖然這不是鐵律，但可以說明企業文化變革的不易。

諮詢人員需爲客戶提供適當工具，尤其是軟體系統，以鞏固制度，而且管理層需鼓勵員工接受新的企業文化與工具，如此才算完成諮詢專案。圖5.6顯示一個企業文化諮詢的實施模型，其中的文化特徵來自圖5.5文化類型評估結果，「組織學習」是保留與傳承的部分，其餘需要加以引導或變革才能達成。

文化起源：顯性部分	文化起源：隱性部分	文化特徵
標識	使命	產業排名
符號	願景	結果導向
組織語言	價值觀	績效考核
工作環境	共識	組織學習
室內布置	歷史事件	
規章制度	信仰	
儀式活動	組織哲學	
用人準則	道德規範	
組織架構	組織精神	

傳承 → 共享 → 引導 → 變革

推廣方式	行為檢測	深層影響
組織結構	職業素養	業界聲譽
組織機制	有效溝通	未雨綢繆
激勵推廣	執行能力	歸屬感
職業培養	自我成長	危機意識
視覺識別	領導能力	心懷公司
設施體驗	研究開發	凝聚力
儀式活動	專利成果	向心力
內容宣傳	業績增加	自豪感

圖5.6　企業文化諮詢實施模型

珍視歷史才能開創未來，創新源於良好的繼承。傳承優秀歷史文化，塑造環境需植入精神文明。在辦公大樓裡成立博物館或文化走廊，存放從創業以來的錦旗、獎牌、獎盃、經典產品、生產工具、照片與紀念品等，緬懷前輩「篳路藍縷，以啓山林」，可「發思古之幽情」。尊重歷史是發展進步的基礎，存在即合理，因此企業有很多需要傳承的部分，但仍遵從共同性，容忍差異性。共用部分的重點是確定顯性文化，發揚隱性文化，利用組織學習、有效溝通與模仿等方式進行。引導部分是因勢利導，朝期待的企業文化方向前行。變革即大刀闊斧地進行改善，爲了創造光明未來，必然會有取捨，參見第七章。

企業文化的改變並非一蹴可幾，只能由外而內，經由各種推廣方式，試圖影響與引導員工的外在行爲。因爲「人心隔肚皮」，檢測企業文化變革是否成功也只能針對員工行爲。內化於心，外化成行爲。企業文化的改變是個長久大計，需要經年累月不斷地進行推廣活動，以期更深層地影響員工心態，達到「日久見人心」的終極目的。

因爲每位員工都以自己的方式理解企業文化，推廣文化時必然會受到諸多阻力，顧問會因應這個情況制定不同的改善方案。企業文化必需體現在內部制度、組織、流程，以及所使用的工具，尤其是軟體系統的強力支撐，否則企業文化會永遠停留在概念層面。如果管理層想要在企業價值的引導下，持續經營好企業，到處都有推動業務增長的主管，技術人員不斷地創新與發明，產品貼近客戶需求等，光靠企業文化建設是不夠的，還不如採用下一章節所述的方法。

5.5 變革文化

在企業文化裡談變革，當然也可以在變革裡談企業文化。各個管理領域或區塊都不是孤島，而是可以「你中有我、我中有你」地互相融合在一起。企業文化會影響商業活動，反之亦然，這也是個「雞生蛋、蛋生雞」的問題。本章節先點出組織內部活動會影響企業文化的現象，第七章再講述企業如何進行變革。文化與動力原本就是相互爲用。另外，世界知名的大企業總是不斷地引進新興的管理理論或工具，再加上一點自己的新構思以產生「畫龍點睛」的效果，如同圖10.4之GE矩陣中新增的神奇弧線。再將此流行理念融入公司內部，成爲新的企業文化一部分，從而改變員工的日常行爲。

以下列舉美國一家超級企業從1989年起，幾乎每年在公司內部推行的各項活動，編號愈小者發生時間愈早。從中可以發現編號愈大者改革力度愈強，前者是後者的基礎，層層疊起這家企業的變革文化歷程。其中編號01.到09.的變革事項爲整個企業變革文化奠立了良好的基礎。

01. 打破官僚與山頭主義，推行一種快速可以做出最佳決策的會議形式。
02. 尋找最佳操作模式以提高生產力。
03. 持續改善業務流程、流程再造。
04. 引進快速且容易成功的變革管理（詳見第七章）。
05. 針對產品品質改善、新產品設計和製造，以及銷售與回款等實施多元改革方案。
06. 提供培力（賦能）工具，服務客戶，促進雙贏。
07. 推動六西格瑪品質管理體系。
08. 數位化，更換新技術工具。
09. 以客爲尊、在地服務，提供更好、更快獲得的產品與服務。

10. 夢想是打開未來大門的鑰匙。
11. 增長業務，方法：品質改進、減少浪費、關注客戶，以及執行力等。
12. 結合精實生產和六西格瑪管理，以加快速度並提高品質。
13. 激勵員工，團結就是力量。

5.6 企業識別系統

一般顧問公司在執行企業文化諮詢專案時，主要以植入企業識別系統最爲常見。企業識別系統由下列三個層次組成：

1. 企業視覺識別（Visual Identity, VI）。
2. 企業行爲識別（Behavior Identity, BI）。
3. 企業理念識別（Mind Identity, MI）。

這三個要素相互聯繫、作用與配合，並維持一致性企業精神與形象。通常顧問公司爲甲方設計好企業視覺識別後就算大功告成。參見表5.14，表中的視覺識別細項如同圖5.6的顯性文化，而理念識別系統則爲隱形文化，同樣地，也是透過行爲的轉變來鑒定企業識別系統諮詢方案是否推行成功。

表5.14　企業識別系統的三個層次與細項

識別系統	細項說明
視覺識別	商標、標準字體、制服、空間布局、照明設計、色彩構成、印刷品、導視系統、各種指示牌
行為識別	服務態度親切、儀態／姿勢、保持笑容、禮讓客戶上下電梯、銷售術語、會議形式、兩性平權
理念識別	企業文化、品牌精神、服務理念、責任感、認同感、凝聚力

第六章

人力資源體系概要

除非客戶提出要求，諮詢專案一般最好不要涉及甲方的人事與財務，即不要干涉人事異動和員工的薪資待遇調整。比較常見並與人事相關的諮詢專案有尋找人才／獵頭（Headhunter）、人格特質培訓課程、領導力講座、團隊建設（Team Building），以及員工滿意度調查等。

早期的人事部如今大都改稱爲人力資源（Human Resources，俗稱HR）處了，除保有原先的人事業務外，另增加人力資源發展、企業文化建設與管理等功能。人事業務如瞭解勞工相關法令、管理人事和假勤資料庫、加退健保／團保、招募、薪資計算，以及所得稅申報等。新公司很容易購買到人事管理表單範本集合，或人事管理資訊系統。

人是很難管理的，最好改用領導方式。領導力是天生的，但也可以透過後天不斷的學習而養成。領導力很大一個部分是自律與健壯的體格，很多歐美男士一旦接任大型企業的總裁，都會保持健身的習慣，畢竟一身肌肉還是比較有說服力的。曾經在國內見過一群剛升任的中年主管相約去接受雷射視力矯正。

6.1 人力資源體系

就系統性思維而言，人力資源與其他管理領域都有關聯，例如：策略、營運、財務與資訊化等，而這些領域也深受企業文化、價值觀和高階經理人領導力的影響。人才體系與人力資源規劃必需從企業策略開始，由外部市場的引導，進行策略分析、規劃、分解和實施，直到人力資源管理體系的運行。圖6.1是一個人力資源體系模型案例，可讓我們一目了然人力資源處的業務與流程。

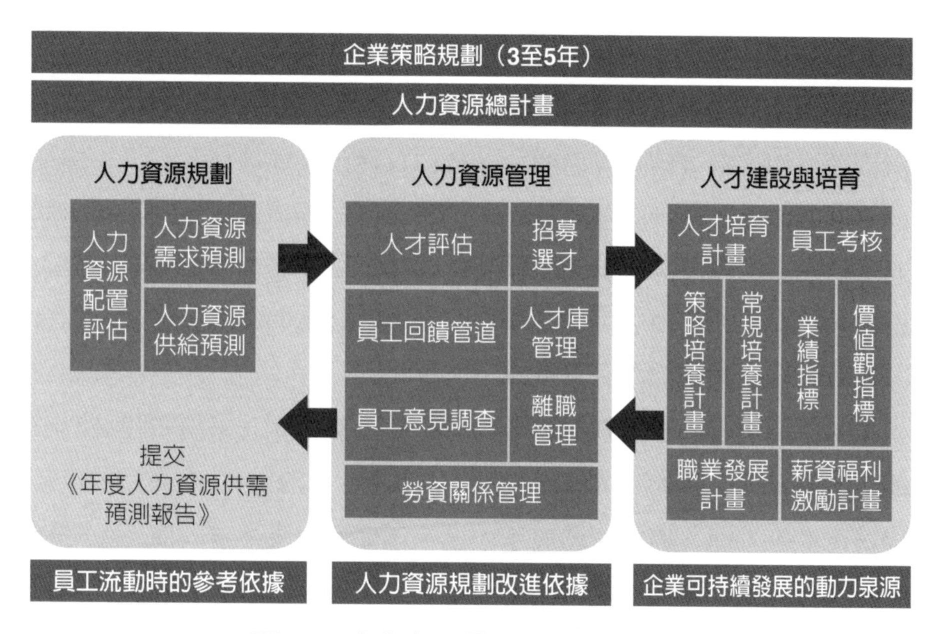

圖6.1　人力資源體系模型（案例）

企業必需自行設計並發展出一套適合企業日常營運和未來發展的組織架構，設計的事項很多，舉例如下：

◆ 組織結構診斷。

◆ 優化業務流程。

◆ 確定部門職責。

◆ 確定職位職責。

◆ 檢視管理規範。

◆ 工作分析。

◆ 人員配置。

◆ 制定薪酬體系。

大體而言，人力資源管理事項主要可以分爲選人、用人、留人和育人四大類，績效管理與留人和育人息息相關。章節10.6介紹的員工考核表強調價值觀勝過業績表現。

6.1.1 選人

依據日常營運和策略需求，按照職位說明書的描述、企業用人原則或新的任職資格及專業要求進行招募或由內部轉任。人力資源部門需考慮並安排招聘時間與流程、招聘方式和管道，以及制定試用期的考核標準與程序等。人才的引進也可以透過獵頭推介、挖角或尋求企業和學校合作的模式，不一而足。人力資源部門平時需做好內部員工擁有量預測和外部供給量預測，並提交《年度人力資源供需預測報告》。企業選人的重點是管理人員與技術人員，尤其是擁有技術的管理人員。管理人員的領導能力表現在凝聚力、鼓勵力、溝通力，以及提攜後進等方面。經由招聘與選才後，逐漸形成人才資料庫，此資料庫可與職位說明書互相配合應用。選人的基礎在於識人，知曉人格特質有助於識人，但仍需瞭解員工的價值觀、聰明才智與專業程度等。

6.1.2 用人

規劃組織結構，確定業務管理模式，以價值鏈爲出發點，逐級分解業務／工作流程。依業務流程進行工作分析與設計，依職位工作內容，確定職位任職資格，所需能力模型和資質模型，以形成職位說明書。制定職位體系、職稱聘任基準制度，以及職稱評定等。按照規定、設備數量、經營目標或工作量等因素進行職位編制以決定從事職位的人數。企業應以工作分析爲切入點，建立在公司所在地區、本行業具有競爭力的職位結構化編制體系，並以此爲基礎全面提升企業的人力資源管理水準，構建科學化、系統化、規範化，與現代化的人力資源管理體系，從而增強企業的凝聚力、抗風險能力和市場競爭力。

6.1.3 留人

根據各職位權責利的不同，訂定具有競爭力的薪酬架構與付款基準，以及福利制度和選擇權等。除了財務補償外，企業也要制定晉升制度與流程，進而根據績效考核結果，實施獎懲制度。激勵理論如馬斯洛需求模型（參見章節6.3）可以用來設計留人機制，例如：高階管理人員喜歡長假更勝於加薪。

6.1.4 育人

根據企業短中長期規劃，制定出符合企業發展要求的人才培養計畫，建立合理的人才接班梯隊，可持續優化人力及確保企業的永續經營。協助員工的職業發展計畫，可以職位晉升，也可以轉換不同職位，比如從技術人員換成管理職務。員工的培養計畫可分常規與策略兩種，而培養的目的在於增進員工的總體資質，或提升專業能力、創新能力，和管理能力等。根據人才特質分化出不同的技能與團隊角色之間的關係後，再按照個別活動領域（以系統開發／業務爲主軸）來加強技能並進行人才培育。

績效管理工作對企業發展日趨重要，實施績效管理不僅是改革企業員工收入分配制度的重要措施，亦是企業邁向永續經營的重要基石。健全且合理的績效評估機制不僅可讓員工工作更賣力，也有效促進生產效率與服務品質的向上提升。績效考核的結果可以作爲員工晉升、培育、進修，以及薪酬調整的依據。績效考核的方法很多，但主要計算員工的產出，如工作量或貢獻度等。無法統計產出的績效情況則可改計算員工的投入，如能力分析、職務難度和年資等。其他還需考慮工作效率、服務品質，和成本節約力度等。

從事務角度切入，人力資源管理的業務還需包括識人和辭人。爲了知人善任，識人當然要瞭解應徵者包括學歷在內的綜合能力，主要還是考核專業能力與智商。智力測驗內容涵蓋空間觀念、推理、常識、語文、圖像，邏輯與算術等。表6.1是一份簡易智力測驗的試卷內容。因爲人腦的複雜性及後天經驗不同，智力測驗成績僅能當作參考。

表6.1　簡易智力測驗試卷內容（案例）

智力測驗試卷	
1	古法釀酒是在陶甕內放置蒸熟的糯米，撒上紅麴，再加上冷開水之後均勻攪拌。為了怕其他有害菌種侵入，都需將甕口封死。但發酵中，甕裡會產生大量氣體，如果陶甕口封得太緊密就會爆裂，反之，太鬆散，其他壞菌侵入後就會產生腐敗。 請問： (1) 產生的大量氣體是什麼？ (2) 請設計一種封口，使得陶甕不爆裂，其他壞菌也不會侵入。
2	在什麼情況下，87 + 13 不等於100？
3	請將「無為而治」翻譯成英文。
4	請將下列英文翻譯成中文。 We make all things simple and easy by hard work and learning.
5	場景一：這天早上，在廚房裡，有一對夫妻又在吵架，這種情況已經持續一段很長的時間了。做丈夫的尚恩先生看起來有些沮喪。 場景二：下午，尚恩先生在精神科診療後，醫師給了尚恩先生一張「天價」的帳單，差一點把尚恩先生嚇出心臟病來。 場景三：隔天，夫妻倆又在廚房大吵一架，老婆氣呼呼地摔門而出，上班去了，尚恩先生則留在家裡。 場景四：快到中午時，尚恩先生在家裡，心想這樣子鬧下去總不是辦法，於是打個電話給正在上班的老婆。 場景五：他的老婆接起桌上的電話，只聽到電話那頭說了一聲「喂」，就直接掛掉電話。

智力測驗試卷	
5	場景六：尚恩先生愣了一下，立刻又撥了一通電話，卻是打給他的精神科醫師。 場景七：在精神科診所，醫師拿起桌上的電話筒，說了一聲「喂」，就聽到對方急忙把電話掛掉。 場景八：尚恩先生出門，攔了一部計程車去他老婆的公司。 請問尚恩先生為什麼最後要打電話給他的精神科醫師？既然接通了卻直接掛斷電話，這又是為什麼？談一談你對整個事件的看法。
6	有三個好朋友一起合夥做生意並賺了很多金幣。其中一個是教授、另一個是商人，最後一個是神父。這天，他們討論要如何分這些金幣？ 教授說：「當初我們曾祈求過上帝，如果賺了錢，就要奉獻一些給上帝。現在我建議把金幣往上丟，掉到地上後，凡是正面朝上的金幣歸上帝，反面的才歸我們」。 商人說：「這樣子不妥，還是先在地面畫一個圈，再把金幣往上丟，掉到圈內的金幣歸上帝，掉到圈外的才歸我們」。 神父說：「你們的提議都不好，我們把金幣往上丟，停在半空中的金幣歸上帝，掉到地面的才歸我們」。 這當然是一則笑話，請問它的笑點在哪裡？
7	從前有個人，一直快樂地生活在森林裡，當他是中年人的時候決定離開森林，到外面世界探索，於是他變成了旅人。這天，旅人行走到一片荒漠，看到一堆堆白骨，不禁心裡一陣恐慌。但他還來不及回神，一隻老虎出現在不遠處，並從他這個方向撲來。旅人趕緊逃跑，老虎一路追來。很快地旅人被逼到一處懸崖，懸崖邊上長了一顆榕樹，榕樹兩條長長的鬚根一直垂在懸崖邊。旅人迅速地抓起這兩條鬚根，並順著峭壁攀岩下去，最後就掛在半空中。老虎守著懸崖不走，旅人只能懸在崖邊日復一日。更糟糕的是，此時來了兩隻一白一黑的老鼠，輪流地啃食這兩條鬚根。旅人不知道這兩條鬚根還可以支撐多久，但他也只能暫時維持目前的狀況。正感到無奈的時候，他看到懸崖邊有一株植物，上面長了幾顆紅醬果，他順手栽了一顆放在嘴裡，感受一陣子甜美的滋味。 請問這個寓言在述說什麼？還有這個寓言給你什麼啓示？

智力測驗試卷	
8	前有埋伏，後有追兵，這時你應該怎麼辦？
9	5 7 25 28 66 的下一個數字應該是多少？
10	有甲、乙、丙三個鎮，甲鎮到乙鎮有3條路可走，乙鎮到丙鎮有4條路可走，請問甲鎮到丙鎮共有幾種不同的走法？

辭人的方式如辭職、退休、裁員、資遣與除名等。由喬治·克隆尼（George Timothy Clooney）主演的《型男飛行日誌》（Up in The Air）電影中就有爲甲方施行裁員業務的情節。人事部門需給予離職員工至少一次的面談機會，以便瞭解離職原因並做出對工作環境的改善建議。

6.2 人格特質

關於人格特質的學說很多，本章節採用美國心理學家馬斯頓（Marston）的DISC理論，這是一套有效的心理學應用工具，經常應用於人力資源與行銷學。利用四象限法，縱軸的上下端是「關係型、人際導向」與「任務型、任務導向」，而橫軸的左右邊是「內向、被動」與「外向、主動」。雖然每個人都是獨一無二的，但經由問卷結果分析，可將人格特質大略地區分成下列四種（參見圖6.2）：

1. 支配型（Dominance）。
2. 影響型（Influence, Interactive）。
3. 穩健型（Steadiness, Supportive）。
4. 分析型（Compliance, Conscientious）。

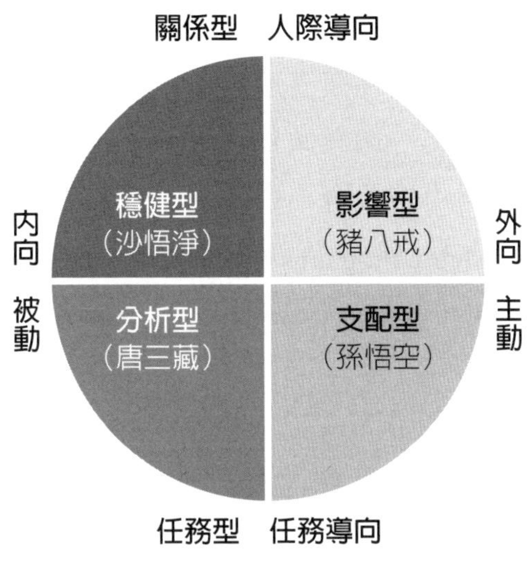

圖6.2　人格特質的DISC模型

圖6.2與圖5.1之企業文化的四種類型互相對應。人格特質測試問卷的設計也可仿效章節2.5所述之企業管理體系評估問卷形式。答題者需保持一顆赤子之心，成年人需暫時拋開成見與經驗，將自己定格在17歲，直覺地填寫答案。透過不同維度的得分，在紙上可畫出一個雷達圖，查看得分多的維度群落在哪一個象限，就屬於那一種類型。以定量方式分析出人格特質結果，但也有很多例外。有些人是分屬於兩個不同的相鄰類型，比方說一半的穩健型加上一半的分析型。甚至有人在四個象限出現接近同分情況，所以分不出是屬於哪一類型，可被視爲通才或人格特質不明顯的第五型（整合型）。

每種類型的特徵衆多，表中僅舉出各種類型的少數代表性特徵。也有學者從心理學、管理學或精神分析的角度剖析西遊記人物，擴大並延伸這部中國文學巨著的價值。這四種人格的代表人物可以分別對應孫悟空、豬八戒、沙悟淨和唐三藏。這裡的豬八戒並非貶義詞，他只純粹代表某一種獨特的人格特質，此類型的人比較活潑、懂得生活情趣，善於經營人際關係與溝通，通常扮演團體裡的開心果。當有任務交給他時，他第一個念頭是想他認識的親朋好友當中有誰會做這件事，而不是這事情我會不會做、如何做？人格特質分析系統（Professional DynaMetric Programs，簡稱PDP）並以不同的動物分別代表相對應的人格特質。性格色彩學則認爲人格特質與色彩偏好存在關係，參考表6.2。

表6.2　人格特質及其特徵

類型／代表	特徵	類型／代表	特徵
穩健型 （無尾熊、鴿子） （沙悟淨） （綠色）	隨和依從 協調耐心 自省利他 謙虛克制	**影響型** （孔雀、鸚鵡） （豬八戒） （紅色）	審美活潑 健談善變 自私享樂 開朗活潑
分析型 （貓頭鷹） （唐三藏） （藍色）	謹慎條理 思考再三 盡責完美 焦慮悲觀	**支配型** （老虎、老鷹） （孫悟空） （黃色）	樂觀冒險 勇敢果決 效率速度 指揮掌控

上文中談到的第五類型對應到人格特質分析系統的代表動物是變色龍，代表顏色是灰色，特徵如：適應能力、平衡力與溝通能力強，但較無個性與原則。網路上有很多免費的人格特質測試卷，有興趣的人不妨上網親身體驗一下。人格特質是相對的，外向相對於內向，熱情相對於冷漠。人格特質沒有優劣與善惡之分，每一種人格特質都有成功人士。人格特質對員工適合擔任的職務或角色有其參考價值。投資家深諳這一點，所以會在企業發展的不同階段各遴選適合時代需求人格特質的管理層，但這並不是絕對的因素。DISC模型也可以用來瞭

解上司的人格特質，以便可以順應不同人格特質的主管。在向上管理時，面對不同人格特質的上司，相處之道也應該不一樣。下列舉出相關的參考書籍：

◆ **如何應對四種類型上司：**《孫悟空是個好員工：從《西遊記》看現代職場求生錄》。

◆ **如何應對支配類型上司：**《總裁獅子心》。

◆ **如何應對影響類型上司：**《蘇國垚快樂工作哲學——位位出冠軍：讓每個職位的人都能成功》。

◆ **如何應對穩健類型上司：**《證嚴法師的故事：慈濟之母》。

因研究者衆，在分類上出現很多別名，例如：支配型又稱爲行動型或力量型；影響型可以活潑型或開放型替換；分析型也叫完美型；穩健型或和平型可互相取代。名稱雖然不同，但意義是一樣的。人格特質分析的類型也有9種、24種，或將上述4種細分成16種，不一而足。從這裡也可以看出沒有一個人是完美的。

6.3 馬斯洛需求層次

有用的員工才是企業的重要資產。企業想要永續經營與發展，就需要瞭解員工的心理，制定各種激勵方案來留住人才，讓既有的人才願意發揮所長，並吸引更多的人才加入。

企業制定激勵方案時需參考馬斯洛需求理論，此理論由低層次往高層次地滿足人類的基本需求（生理需求）、安全需求、歸屬需求、尊重需求，直到自我實現，一般繪成一個三角形或金字塔形狀。表6.3用來說明馬斯洛的五個需求層次。

表6.3　馬斯洛需求層次說明

需求層次	說明
自我實現	實現個人的理想與抱負，最大極限地發揮個人能力
尊重需求	希望有崇高的社會地位，要求個人的能力和成就得到社會普遍的認同
社交需求	希望得到與社會的相互關係和照顧，例如：友情、愛情和歸屬感等
安全需求	人身安全、健康、家庭、財產與工作等都可以得到充分保障
生理需求	維持自身生存的最基本需求，包括：衣食住行、性與睡眠等

大體而言，人類在較低層次的需求達到滿足以後，才會往上追求較高層次的需求（新的激勵因素）。這裡的需求包含人類爲了自身的生存和發展所需要的人事物，同時涵蓋物質和精神兩種層面，但爲了滿足較高層次的需求，人類有時會犧牲較低層次的需求，例如：爲了實現個人遠大的抱負而超時工作，終至影響自身的健康。

需求愈到高層，相對付出或犧牲也愈多，而滿足的比例卻愈少。在同一時期，人的行爲是受到多種需求支配，而且這五種需求也不可能完全滿足。每一時期內總有一種需求是占較高的支配地位。各層次的需求往往是相互依賴與重疊的，高層次的需求發展後，低層次的需求仍然存在，只是對行爲影響的比重相對減少而已。

6.4 後記

對不同的產業或是不同能力的員工，用人的方式應該有所區別。面對大學教授或高級研究員、辦公室內的工程師或設計人員，以及工廠裡流水線上的勞工，管理方式不一樣是大家可以理解的。古時候用人的三大境界：「用師者王，用友者霸，用徒者亡」。換成現代管理學語言，這句話應該可以翻譯成：「尊重專業人士並不恥下問的企業才能經營得長長久久，整合志同道合的夥伴可以快速成功創業，認爲官大學問大、只要求員工絕對服從的企業離衰敗就不遠了」。

聖經上記載：「無論何事，你們願意人怎樣待你們，你們也要怎樣待人。」（馬太福音7:12）總之，善待員工，員工才會心懷感激。造就員工，學到其他地方學不到的技能；或提高員工待遇，賺到其他地方賺不到的薪酬，以確保員工的忠誠度。最新的人力資源策略是在人力資源體系中增加員工的健康管理，在提升員工的生產力同時也要關心員工的身心健康。

第七章

企業變革歷程

每一位顧問都需要瞭解變革管理，以順利實施諮詢方案。在我們的生活與工作當中，變化是常態，想要去抵抗變化也是常態。變革的三階段：「解凍」、「改變」與「再凍結」一直循環不已，刻意保持不變比適應變化需要花費更大的力氣。在變化下我們被迫做出選擇，而選擇就有取捨，一次次的選擇就形成了我們生命中的軌跡。如果不變革，那就會像鐘錶上的指針一樣在原地打轉，墨守成規或一成不變的東西很快就會被世界潮流所淘汰。

一家公司對變革本身的接受度是企業文化的一種體現，而變革事項大多爲策略實施的一部分。每經歷一次變革，企業文化也會受到不同程度的影響或衝擊。爲了永續經營，企業必需回應外在市場環境的變化莫測，打造「持續改善」的變革文化。除了少數極端的公家機關或研究單位不重視市場訊息、只專注於內部事務外，一般企業對於市場存在三種關注程度，即：市場觀察、市場驅動與引領市場，參見圖7.1。

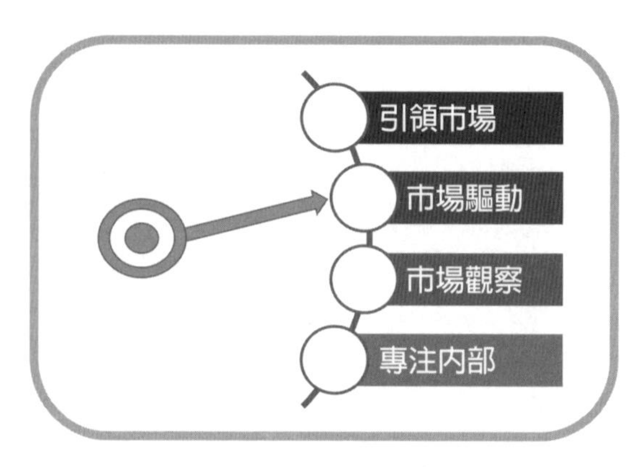

圖7.1　企業關注市場的四種程度

名言說得好：「弱者等待機會，強者把握機會，而智者創造機會。」相同的道理，企業在面對市場變化時，弱者被動應變，強者主動求變，而愚者漠視變化。

7.1 變革歷程模型

變革不是一時新鮮，而是永不停息的嚴肅任務。變革的外驅力應該來自客戶需求回饋，當然也可能來自外在環境帶來的機會與威脅，而內驅力是「不滿現狀」，即期望與現實產生的落差。在公司內部推動變革並使其成為企業策略競爭的優勢，促成變革成功的因素除了要有：企業文化、策略管理、高層主管的重視與支持、領導力，以及有效的解決方案與技術（含工具）外，還需要每位利益關係人的高道德標準，以及他們的配合與支持。變革事項依其影響層面與規模而有所不同，影響深遠的如企業併購、重組或大規模裁員；影響較小的如引進一套管理模式、軟體系統或改變業務程序。就變革事項的分類而言，可以有下列三種：

1. **改變結構**：調整或創建組織結構以更貼近市場變化。
2. **改變行為**：重塑企業文化、創新產品主題、改善製造程序，或提供新的服務方式等。
3. **改變技術**：引進新技術或資訊系統，以便提升生產效率或實現數位化與無紙化等。

為了變革後具有正向影響，對於規模較大的變革事項，較需參考外在環境。反之，較需注意利益關係人的心態，尤其是帶有負面情緒的員工。圖7.2類似甘特圖，此一模型可為企業迅速進行變革的參考，或用於事前預估變革各項能力或作業（指標）的難易度與成功率，也可用於事後檢討變革的優劣並作為改善變革平臺的依據。在變革實施前協助發現某項有缺失，可以盡早亡羊補牢。如對實施變革沒有信心，可以借助外聘顧問的諮詢服務。下文即逐項介紹此變革歷程模型。

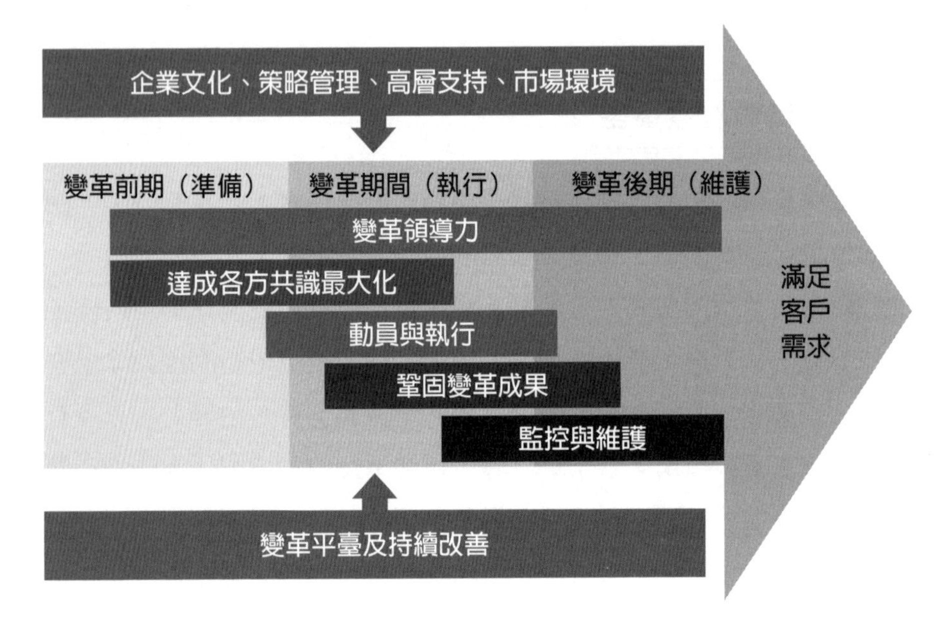

圖7.2　企業變革歷程模型

7.2 變革領導力

變革活動的80%是制式的、常規的，可以依照既有的程序與步驟進行，如圖1.14之年度策略管理PDCA循環，但如遇到20%沒有先例可尋的，此時變革領導力就很關鍵。變革領導力可以在複雜，甚至是混沌的環境下組建工作團隊、安定人心並尋求各方支援、具有面對不確定未來的勇氣、整合有限資源、擬定解決方案、讓變革效益最大化，而且可以持之以恆。簡單地說，變革領導力不僅是專案管理而已，更是一種高超的領導藝術。行動一開始，事件將接二連三撲面而來，有人會潑冷水，所以改革者的心理素質要夠強韌，堅持不退縮。

在變革前期，領導者（或領導團隊）需要凝聚向心力，盤點所需與所掌控的資源，爭取高管與預算的支援，注意如圖7.2之變革歷程模型中所有工作事項有幾成把握？變革平臺的保障力量是否充足與到位？隨時瞭解利益關係人的心態，以及他們對變革的影響力。利益關係人通常包括下列幾種關鍵角色，參見表7.1的說明。

表7.1　利益關係人關鍵角色與負責工作

利益關係人關鍵角色	負責工作
資助人、出資部門	設定目標方向、財務分析與成本管控
團隊領導或領導小組	專案管理、變革管理與決策管理
工作團隊成員	制定決策，依據專業技能執行任務
受益人、受益部門	提出實際需求、預期結果與驗收方式
支援者、支援部門	依據專業技能執行輔助任務
保障者、維護部門	建議方法論、人機界面與系統規格
顧問或專家團隊	專業諮詢、提出新技術與新流程建言

一般情況下，受益部門也會是出資部門，支援者也可以扮演顧問角色。工作團隊成員可以來自同一部門或跨部門臨時組建，領導者需考慮團隊成員專業與人格特質分布的完整性。任何變革將影響現有企業文化，因此變革中與變革後團隊成員的行爲將成爲其他員工模仿與學習的榜樣。領導團隊需要全程與全情的投入，爲了改變別人，必須先改變自己，而這也符合古代「律人者必先律己」的道德思想。

如何選出最佳變革領導人？人選考慮的定性條件可分爲三大類：

1. **目標取向**：適當的人格特質（善於分析與規劃、執行力強、有號召力，以及堅持達成目標）、出身大家庭（富協調力）、經驗豐富、具個人魅力、人脈寬廣、資源豐富，以及擁有促進雙贏的能力等。
2. **能量與熱情**：一言九鼎、言行一致、有權勢或權威、高知名度、有強烈的工作激情，以及精力充沛等。
3. **參與度**：全程參與或願意投入大量時間等。

至於定量方式，可依據如圖7.2之變革歷程模型中各項變革領導技能，製作評量表（如表7.2所示），從多位候選人中擇一最佳領導人。從這些條件看來，一個好的變革領導人也會是一個好的創業者。

表7.2　變革歷程評量表

程度與得分					變革歷程細項
平庸 ←→ 優良					
1	2	3	4	5	
☐	☐	☐	☐	☐	1. 變革領導力
☐	☐	☐	☐	☐	2. 隨時解讀員工的心態
☐	☐	☐	☐	☐	3. 做好溝通工作
☐	☐	☐	☐	☐	4. 共啓遠景
☐	☐	☐	☐	☐	5. 動員與執行力
☐	☐	☐	☐	☐	6. 鞏固變革成果
☐	☐	☐	☐	☐	7. 監控與維護
☐	☐	☐	☐	☐	8. 變革平臺與持續改善

7.3 達成各方共識的最大化

雖然看不見員工的內心，但外在行為與業績是可以觀測的。變革期間的員工是否接受轉化與成長？變革結束之後如何判定成功與否？員工行為表現與業績升降就可以看出一些端倪。變革有其緊迫性，變革期間難免人心惶惶，生產力自然會下降。變革期間所形成的「陣痛期」，業績向下振盪，直至墊底。只有遇到轉捩點，形勢扭轉，業績才會逐漸回升。變革期間的大破大立將無法避免，這是為了過渡到美好未來，或實現策略目標所必須承擔的代價，只求變革之後的結果符合預期，甚至超越預期。參見圖7.3。

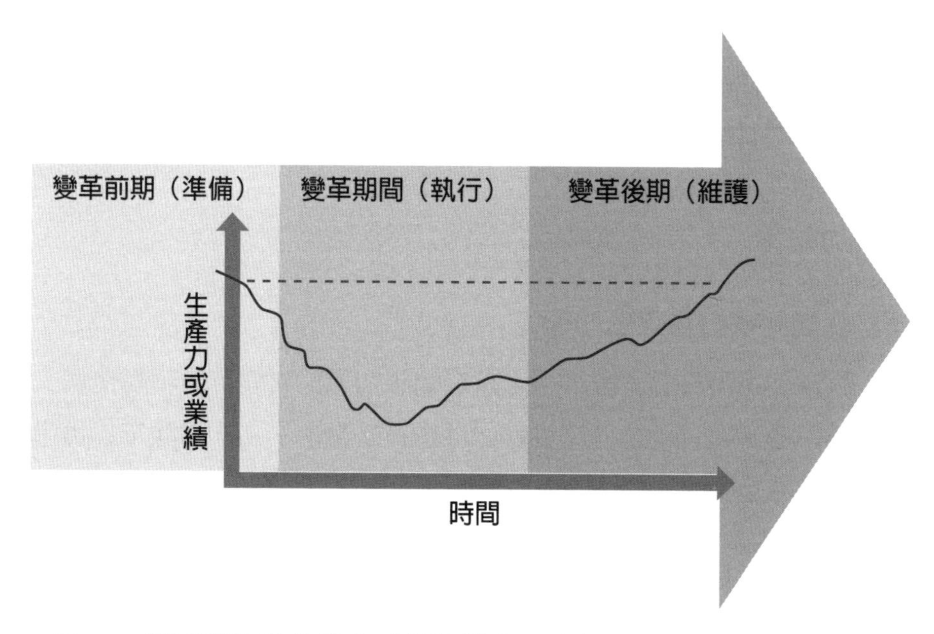

圖7.3　變革期間的生產力或業績將會下降並有振盪現象（示例圖）

再者，凡事都有利弊得失，變革的規律是打破上一個「舒適圈」，兵荒馬亂一段時間後，再進入下一個「舒適圈」，所以企業不可能一天到晚都在忙著變革，必需有一段修養生息的時間。如何配合市場變化而適時調整變革節奏與規律，這是高層主管的責任。變革週期多久一次才算合理？這要依據企業規模大小而定，一般是一年一次（可配合會計年度），例如：一些公司經常舉辦的「品質年」或「安全年」等。中小企業的變革週期可以縮短至半年，甚至是三個月。在變革期間，對企業而言，這是一個市場訊息及其變化校準內部體質的機會；對員工而言，施與受雙方都是在學習與調適。

爲了顧全大局，有時犧牲小我在所難免，除了個別實際補償以外，還需達成各方共識的最大化。變革期間需要熨平人心的波動，以應對不必要的掣肘，工作團隊需要做到下列的三件事：

1. 隨時解讀員工的心態。
2. 做好溝通工作。
3. 共啓遠景。

7.3.1 隨時解讀員工的心態

每當公司內部引入變革時，員工總想知道此次變革事項對他個人有什麼影響？尤其是有什麼壞處？這是人之常情，工作團隊可以透過市場調研方式，解讀員工心態並依據圖7.4所示，將利益關係人區分成四大類。

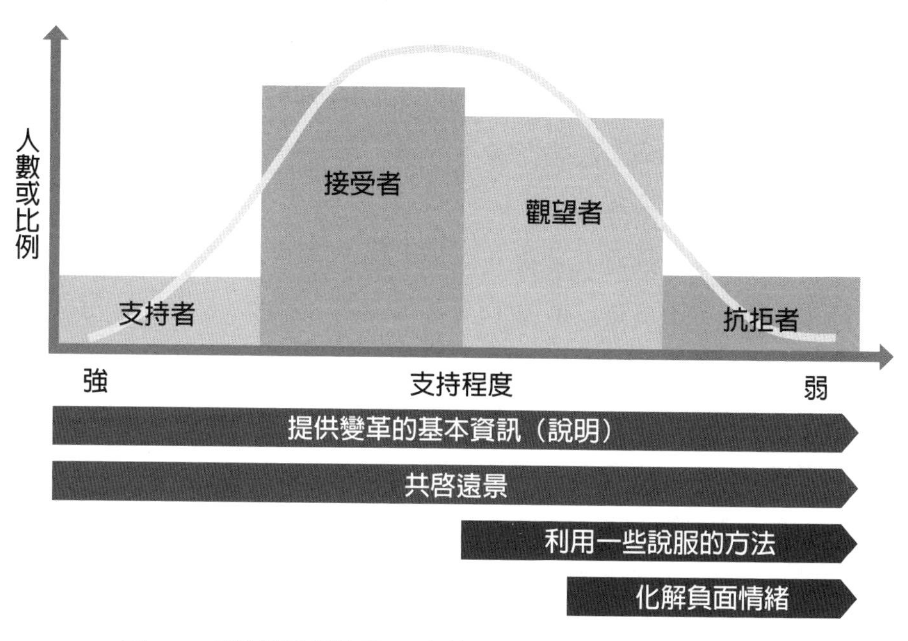

圖7.4　變革期間的員工心態分類與溝通方法（示例）

支持者主動參與工作，接受者被動認可，觀望者遲疑，而抗拒者阻礙變革進展。員工對自己不瞭解的事項，抱著懷疑的態度，這是可以理解的。顯而易見，抗拒者是工作團隊需要付出較大心力的群體。被宣判癌症末期病人的心理過程可以分爲五個階段，即：否認期、憤怒期、協議期、絕望期與接受期。相同道理，進入變革時期，抗拒型的員工也會產生不同的心態、情緒和行爲表現，參見表7.3。

表7.3　變革期間員工會有不同的心理變化與行為表現

類別	心態、情緒	行為表現
正面	愉悅、認可、積極、激情、樂觀	參與、接受、服從、協助、創新、能量、戰鬥
負面	無視、冷漠、否定、疑惑、矛盾、挫敗、猶豫、憂鬱、恐慌、焦慮、緊張、憤怒、沮喪、悲傷、痛苦	遲疑、怠工、阻擾、抗議、抵制、造謠、破壞、缺席、離職

抗拒者還需區分部門主管與基層員工兩個群體。部門主管抗拒變革的主因列舉如下：

◆ 有危機意識，事成之後被資遣。
◆ 害怕被拔官，失去權力。
◆ 不想爲人作嫁，長他人志氣。
◆ 資源被調用，人員難以掌控。
◆ 增加額外工作量，影響正常作息。
◆ 沒有變革經驗，不知如何因應。
◆ 主觀認爲此次變革理由不充分。
◆ 不認同變革的新程序與方法。

基層員工抗拒變革的主因列舉如下：

◆ 萌生不安全感，害怕被裁員、降級或轉換部門。
◆ 增加工作量與工作難度。
◆ 安於現狀，不想做任何改變。
◆ 能力無法擔當變革需要。
◆ 以往變革的慘痛回憶。
◆ 不瞭解變革歷程與變革原因。
◆ 需要培訓，擔憂學習效果不佳。

要想讓公司有更大的發展，這一路上就註定會有一些員工覺得委屈，還包括很多人對此變革的不理解。這是可以預見的，需要妥善與厚道地加以處理。要有同理心，站在對方的立場重新思考問題，試著瞭解他人的感受以及爲何產生負面情緒的背後原因。

7.3.2 做好溝通工作

變革事項需要形成新的制度與程序，有些還需要資訊系統的鞏固，但這些仍然遠遠不夠，重要的是人心還沒有被撫平，新的行爲還沒有形成習慣。面對企業內部的溝通工作應該要像對外行銷宣傳一樣，首先工作團隊成員的意見要達成一致，然後制定足以信服他人的策略方案，設計溝通計畫表，分配資源，提供工作團隊足夠的溝通工具，以及預判結果。具同理心、誠信與溝通是對公司同事最起碼的尊重，以上活動需財務分析並進行成本管控。

通知與說明會都需設計「溝通計畫表」，主要欄位包括：關鍵人員（姓名、所屬部門、在變革中角色）、溝通目標、訊息需求、溝通（或會議）時間及頻率、媒體工具、溝通負責人以及地點等。

變革一旦啓動，立即如氣血通全身一般，滲透公司內部的各個角落。溝通的目的是要形成「羊群效應」與從衆心態，以確保員工贊成的人數超過反對的。創造共同需求，想辦法讓變革需求成爲大家的需求，在潛移默化形成變革氛圍後，才能因勢利導，啓動變革活動。

有效溝通可以打破大部分員工的漠不關心，讓變革像齒輪般一直轉動。在與正面情緒的員工進行溝通時以「說明」爲主。反之，在與有負面情緒的員工進行溝通時以「說服」爲主。無論是說明或說服，都要以對方可以接受和理解的方式進行。

做好內部宣傳，確保各階層主管與員工收到的訊息與回覆內容一致。條件許可的話，建立內部網頁，讓員工可自由查詢變革相關訊息。可以透過下列的5W2H分析法，提供變革的基本資訊：

- What（這次變革的名稱、概要，大致上在做什麼？）
- Who（誰在做？變革中哪些人扮演了什麼角色？）
- Why（爲什麼要變革？這次變革要解決什麼問題？）

◆ Where（目前的定位在哪裡？未來要去哪裡？）

◆ When（這次變革何時啓動？何時結束？）

◆ How（這次變革如何進行？你如何幫助我們？）

◆ How Much（這次變革的預算是多少？）

除了提出一些「不得不做」的理由，例如：國家政策與法律、高管指示、標準提升，或是來自供應商與客戶的需求等，想要說服員工或排除阻礙相對地難多了，下列一些說服的方法可以加以利用，重點在「切身感受」：

◆ 提出證據，用數字與資料說話（如：統計、圖表與財務分析）。

◆ 證明變革的重要性以及變革必須完成（如：趨勢、規律、成功案例）。

◆ 與標竿或競爭對手進行比較（如：業界標準、市場份額、競爭資料）。

◆ 小型實驗，或建立模型、類比結果。

◆ 演示最佳實踐與操作。

◆ 實地參訪、現場考察。

◆ 威脅／機會矩陣。

可利用威脅／機會矩陣，通過短期和長期中威脅和機遇的對比，對變革的需求進行梳理。如表7.4所示，將變革需求拆解成威脅與機會兩種，逐條列舉如果不做變革，企業在未來（短期與長期）將會遭遇到什麼威脅，或是當前面臨的威脅將一直如「肉中刺」般地威脅企業。反過來說，如果變革成功，企業在未來（短期與長期）將可以抓獲什麼機會，甚至將原本的威脅扭轉成機會。

表7.4　威脅／機會矩陣

	威脅（如果不進行變革）	機會（如果進行變革）
短期（六個月以內）	• • •	• • •
長期（超過六個月）	• • •	• • •

7.3.3 共啓遠景

編織遠景是領導力的一種體現，也是一種激勵行爲，屬於較高的馬斯洛需求層次。此處的「遠景」雖然也指明方向與確立目標，但與上文所述的「願景」不同，單純指變革之後的期望或美麗憧憬。變革活動也有自己的業務價值觀，但不能牴觸和逾越企業原有價值觀的精神，這時「誠信」就顯得至關重要了。「誠信」應爲所有企業價值觀的一環。所以說，遠景可以誇張，最好讓員工產生「戀愛」的感覺，但不應該是「洗腦」、「畫大餅」或「空中樓閣」。

描述變革後的「天堂」必需清晰、易於理解、具有挑戰性且可執行、助益企業發展，以及與客戶共享等。變革結果是一個新的開始，不是教大家一勞永逸，而是自我超越並與公司共同上一個臺階，更可以爲企業的後續發展再新添一份力量。

上一章節（做好溝通工作）內容較多講的是「曉之以理」，而這裡是要「動之以情」。想要改變行爲，必先改變思維。如果大家都有共同的遠景與目標，除了減少推動變革的阻力外，還可以快速引導與改變員工行爲。工作團隊必需先定義並說明哪些是被鼓勵的行爲，以及哪些是被抑制的行爲。在這裡可以設定績效考核項目，針對部門或個人，在過渡期間以獎罰方式快速調整員工的行爲模式。

在進行本步驟時，工作團隊可依據下列項目，使用相同說詞格式（但內容可因人而異），向其他員工宣傳以達到訊息一致化的效果：

- ◆ 變革名稱與簡要內容。
- ◆ 需要變革的理由以及重要性。
- ◆ 建構美好未來的藍圖、可以設立什麼里程碑。
- ◆ 員工如何配合（工作與行爲）將有助於變革。
- ◆ 工作團隊承諾的責任、義務或提供的資源。

7.4 動員與執行

變革前期高層主管需公開表明對變革的支持，變革結束後受益人與保障者的接受度是鑑定變革成功的依據，期間則要取得他們的承諾、動員所有參與者投入工作，以及制定消弭抑制力量的方案。此時，魚骨圖（又稱石川圖）或思維導圖（又稱心智導圖）可以協助收集並區分助力與阻力的關鍵因素；影響圖（又稱勢力圖）可用來找出尋找關鍵利益關係人；而力場分析法（Force Field Analysis）與力量分析法可研判員工心態。

魚骨圖可以收集思廣益的功效，圖7.5顯示員工（或部門主管）抗拒變革的一些要因，若想要收集員工贊成變革的要因，也可以依法炮製。圖7.5的大要因也可以歸類成「政治與權力」、「文化與行爲」與「技術與資源」三種。善用工具有利於工作進行，而本階段最重要的工作是溝通，以縮短抗拒的時間與力度。表7.5列舉員工抗拒各類大要因不同的化解之道。

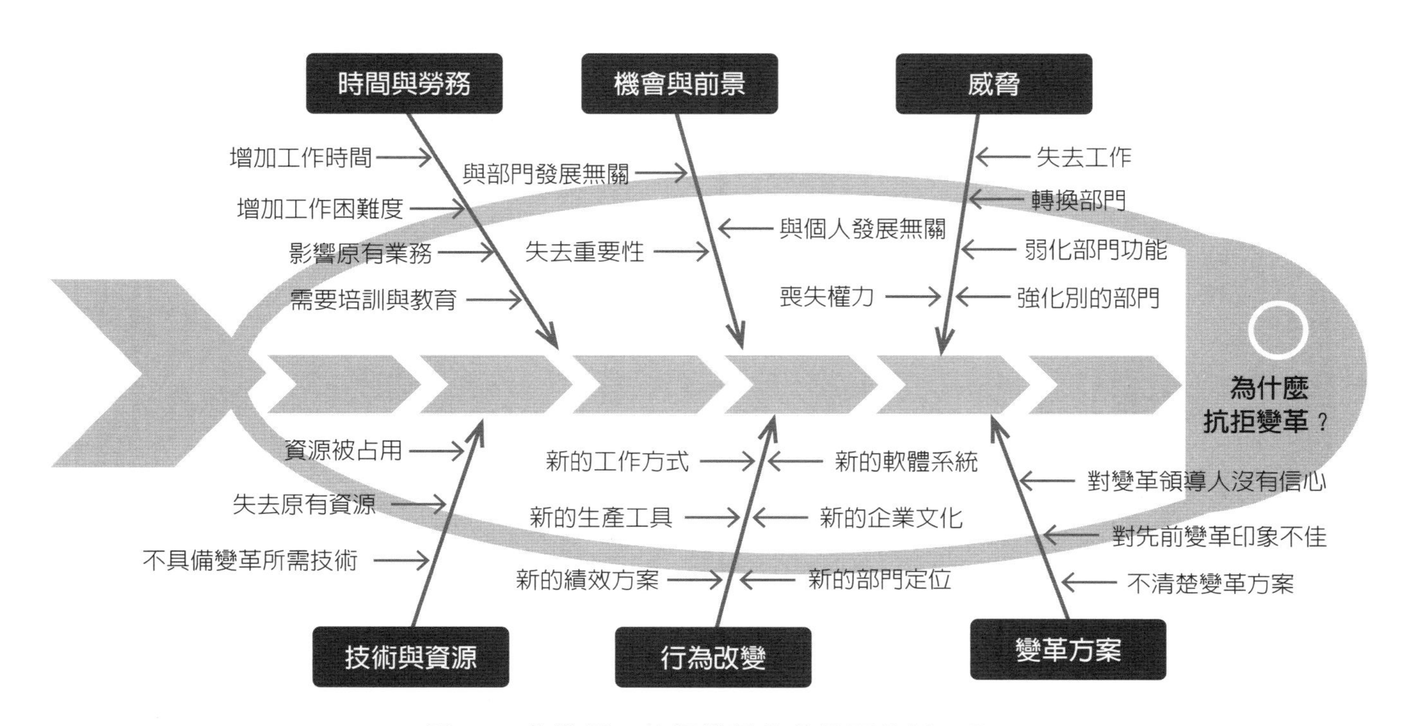

圖7.5　收集員工抗拒變革的魚骨圖分析工具

表7.5 員工抗拒各類大要因不同的化解之道

大要因	化解方法
威脅	1. 真誠地以策略管理與行銷知識分析立場與形勢 2. 提供更好發揮的舞臺或建議下臺機制 3. 職業生涯重新規劃 4. 以當事人為焦點，重新審視或規劃影響圖 5. 鼓勵參與並提供指導 6. 提供訓練與教育的機會，包括：模擬與演練 7. 解決個別疑難問題
機會與前景	1. 共用充要訊息 2. 鼓勵參與並提供指導 3. 勾畫清晰與明確的變革遠景 4. 說明每個人現在與未來的角色及任務
時間與勞務	1. 共用充要訊息 2. 鼓勵參與並提供指導 3. 適度調整組織結構 4. 勾畫清晰與明確的變革遠景 5. 將工作細分並在每一個小階段完成後給予獎勵 6. 解決個別疑難問題
變革方案	1. 共用充要訊息 2. 建立變革領導人的威望 3. 勾畫清晰與明確的變革遠景 4. 繼往開來，變革將承載過去的輝煌 5. 解決個別疑難問題
行為改變	1. 尋找共同需求與動機（或動力） 2. 強調變革將維持企業文化、使命與價值觀 3. 勾畫清晰與明確的變革遠景 4. 定義樂見與不樂見的員工行為 5. 以同理心瞭解員工的心態與其面臨問題 6. 說明變革的期望值，以及與目前狀況的差距

大要因	化解方法
行為改變	7. 繼往開來，變革將承載過去的輝煌 8. 個別員工對待，避免形成反對的集體意識 9. 以當事人為焦點，重新審視或規劃影響圖 10. 重新設計激勵與績效考核方案
技術與資源	1. 共用充要訊息 2. 鼓勵參與並提供指導 3. 提供訓練與教育的機會，包括：模擬與演練 4. 成立新的部門或技術團隊 5. 適度調整組織結構 6. 勾畫清晰與明確的變革遠景 7. 將工作細分並在每一個小階段完成後給予獎勵 8. 解決個別疑難問題

圖7.6試著描述某公司內各部門的關鍵利益關係，箭頭指示影響力的方向，而圓圈的尺寸代表影響力的大小。

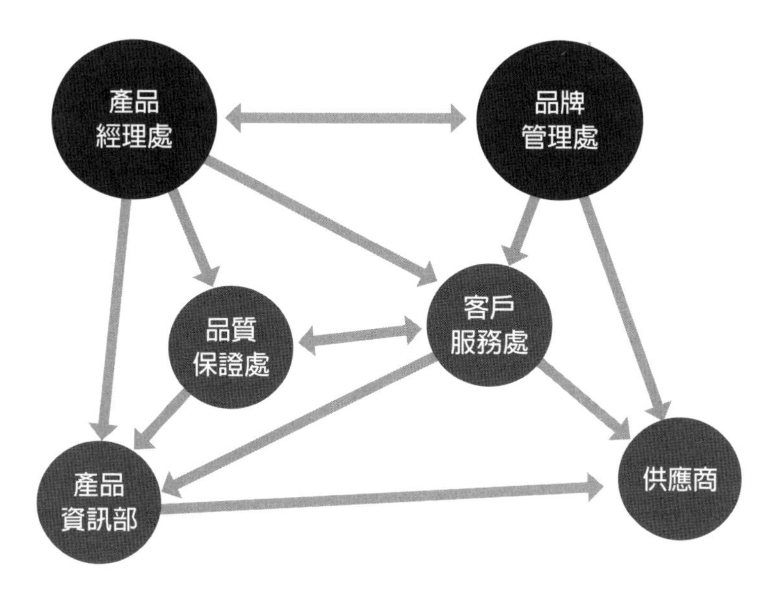

圖7.6　某公司部門的影響圖（示例）

參見圖7.6與圖7.7，變革總是需要跨部門合作，類似矩陣式組織管理，甚至涵蓋外部的供應商，尋找如下列之關鍵利益關係人並形成聯盟（或利益共同體）：

◆ 對變革具正向影響的有力人士。

◆ 承諾願意爲變革成功盡一份心力的人。

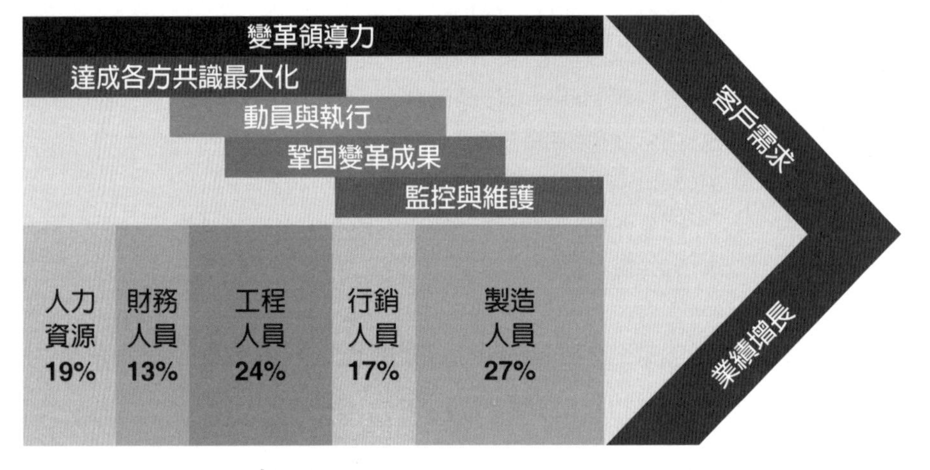

圖7.7　尋找並團結成員一起進行變革（示例）

盤點支持與反對的人數和力度，計算支持力度是否滿足所需，可以預估變革事項的成功率。如表7.6之立場分析表是個「向量」概念，可以分析員工（或部門）之助力與阻力的大小。本例未設權重且助力分數大於阻力分數，該名員工可以成爲正向的關鍵利益關係人。連續多次使用立場分析表，可以幫助瞭解某一員工助力與阻力的消長關係，以及呈現助力與阻力的嚴重事項等。

表7.6　力場分析表（示例）

（變革名稱）力場分析表			
員工姓名（或部門名稱）：			
分數	助力 →	← 阻力	分數
5	具有共同需求	對未來的不確定性	4
3	認同變革理念	對工作團隊的不信任	3
4	溝通後的接受度高	不認同變革理由	2
3	具備變革後技能	額外增加工作量	3
3	先前良好的變革經驗	對自己沒有好處	3
助力總分：18		阻力總分：15	

依據助力減阻力的得分高低，可以將利益關係人區分成「強烈贊成」、「贊成」、「中立」、「反對」和「強烈反對」五大群組。另外，也可以利用「有無變革能力」與「有無變革意願」兩個維度區分利益關係人，之後再進行不同的宣傳與（建設性）行動方案，務必使總助力最大化與總阻力最小化。群組歸類應有事實佐證，亦可以讓當事人自行決定類型。

參見圖7.8，力量分析圖效果如同力場分析表，但圖解較爲直觀。圈內的箭頭代表助力，而圈外的箭頭代表阻力。箭頭長短顯示力量的強弱。以動畫方式播放不同階段的圖示，可以看出助力與阻力消長關係的變化過程。

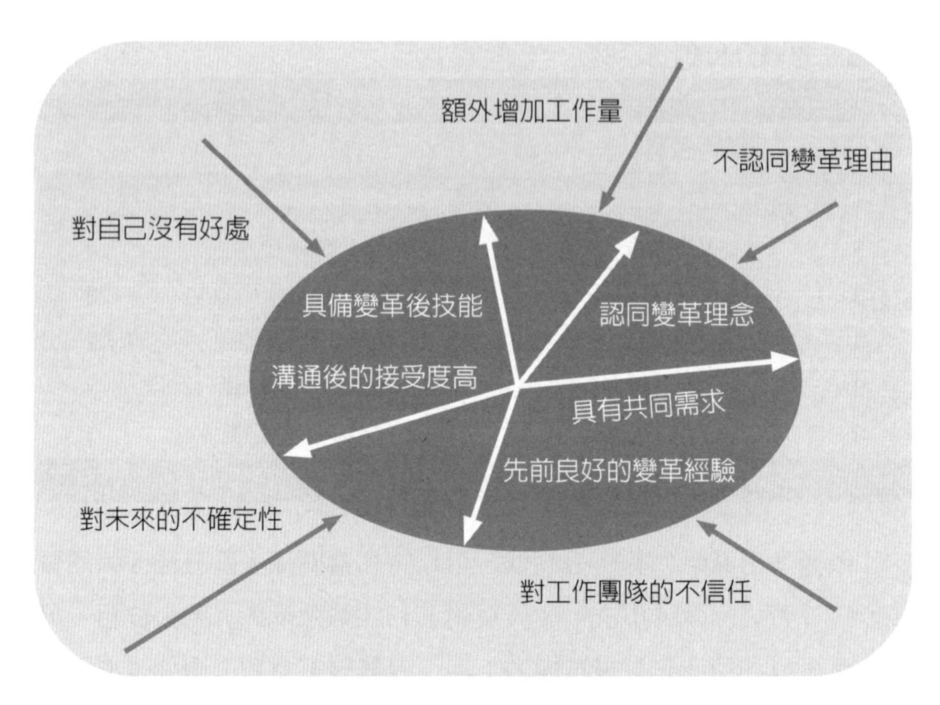

圖7.8　力量分析圖

針對強烈反對者以及有變革能力卻不配合的當事人需要格外對待，對他們的疏通工作事項如下所列。疏通工作應先訂出解決方案，由適當人選實施，限定截止日期，並有一定的評估成功與否的方式。

- ◆ 討論新行爲或新習慣養成的可行性。
- ◆ 以同理心瞭解當事人心中所畏懼或感到威脅的人事物。
- ◆ 協助尋找新的機會點以促成雙贏局面。
- ◆ 共謀卸下心防的機制與配套措施。
- ◆ 進行個別的策略分析或重新制定職業生涯規劃。
- ◆ 給予充分的應變時間。

另外，需要注意的是，員工外在行爲只是冰山一角，隱藏在水下的有個人的感受、觀點、立場、期待、願望，以及人格特質等。解讀員工心態後，先處理員工的負面情緒，包括：已發現的和隱藏起來的，之後再解決（敵對）問題，最終成爲支持者，最起碼立場中立、不再反對變革。表7.7列舉本階段三個時期（前段、中段與後段）的工作重點。

表7.7　動員與執行階段三個時期的工作重點

時期	工作重點
前段	1. 正式公開宣布「狼來了」！新一輪的變革開展了 2. 組織工作團隊與聯盟 3. 制定遠景與不同階段和時期的目標 4. 準備公布欄或架設論壇 5. 提供一致性的訊息 6. 回答或解決個別的提問 7. 尋找利益關係人並分類 8. 對以往種種給予嘉獎、保留、重分配、封存或拋棄
中段	1. 建立臨時的組織、制度與任務 2. 舉辦集思與協力的會議，討論並制定解決方案 3. 先解決緊急又重要的問題 4. 解釋或解決因變革而帶來的不便與困擾 5. 根據員工抗拒各類大要因進行化解工作 6. 揭露變革工作進度 7. 制定工作新方法、新程序、新標準與新行為模式 8. 在變革中隨時注意並肯定貢獻者與有功人士
後段	1. 確定變革已經產生作用並廣為宣傳 2. 再度強調變革遠景並顯示達成目標 3. 進行培訓與教育 4. 提供參與者充足的發揮空間與必要資源 5. 給予適度的應變時間

上述三個時期是以變革期間員工不同的心理變化與行爲表現來界定的。前段時期的員工心態負面多於正面，生產力與業績表現下降，如圖7.3所示。中段時期的員工心態有所緩解，而後段時期的員工心態大多改爲積極向上、生產力逐漸好轉，如無意外的話，業績表現應優於變革前的水準。依照「滿意鏡」（Satisfaction Mirror）的說法，員工對工作的滿意度反映在客戶滿意度上，所以此處也可以利用客戶滿意度之前置指標取代員工的業績表現。表7.8列舉三個時期用於輔導和討論時預先草擬的問題。

表7.8　三個時期用於輔導和討論時預先草擬的問題

時期	適宜的問題
前段	1. 工作團隊還需提供什麼訊息以滿足你的需求？ 2. 你對此次變革整體的感受是什麼？ 3. 變革期間你獲得什麼，或失去什麼？ 4. 變革中的哪些人事物讓你感到愉悅或不舒服？ 5. 你需要什麼說明以緩解變革帶來的不舒服感覺？ 6. 此次變革如何影響或衝擊你個人或所屬部門？ 7. 你對此次變革有什麼樣的期許和建議？
中段	1. 你覺得你在此次變革中的哪些環節可以有所貢獻？ 2. 你扮演什麼關鍵角色對此次變革最為有利，為什麼？ 3. 你認為應該如何做才能縮短變革中的混亂局面？ 4. 你被要求改變什麼樣的行為，你可以適應嗎？ 5. 你認為需要調整什麼，可讓你和變革實現雙贏？ 6. 還有什麼人事物造成你的焦慮情緒？ 7. 你參與了哪些事讓你覺得自豪、有成就感？
後段	1. 在本階段結束前，還需要完善哪些事情？ 2. 你認為如何做才能鞏固變革、持續變革成果？ 3. 此次變革中哪件事讓你感到高興或挫敗？ 4. 你認為此次變革與設定目標的差距是什麼？ 5. 變革中你成就了哪些事、讓你感到驕傲？ 6. 你有什麼功勞被忽略了，需要什麼獎賞？ 7. 還有哪些地方讓你感到疑惑與矛盾的？

7.5 鞏固變革成果

不應過早宣布勝利，在動員與執行階段結束後，變革活動並沒有終止，但之前各個階段的成功是鞏固與維持變革事項的基石。變革領導人須確保工作團隊歸建或委外顧問離開後仍然堅持變革事項，否則變革沒有意義可言。變革事項需要形成各類文件，以符合ISO 9001品質文件管理系統的精神。形成制度、程序、商業智慧與考核方式等，最好利用軟體系統固化，以維持變革成果並建立自動化機制。此外，不同變革之間的比較在於其重要性與實施效率上，而效率表現在時間與資源利用上，即是否以專案管理方式在進行？可以在不同部門之間舉辦競賽，讓變革活動具有趣味與活力。需要將時間合理分配給變革歷程中的每一個階段，絕不能虎頭蛇尾，一定做到有始有終。

人有惰性，所以任何的行爲改變無論大小都會帶來痛苦。想要改變行爲並成爲新的習慣，需要一些時間與必要動機。以下列舉一些鞏固變革與維持新行爲的方法：

- ◆ 採取漸進或分段方式。
- ◆ 發揮「學中做、做中學」精神。
- ◆ 溝通仍是最佳處方。
- ◆ 磨合期間仍需投入人力與資源。
- ◆ 證實並強調變革已向遠景趨近。
- ◆ 隨時保持員工熱情高漲。
- ◆ 留意參與者是否繼續信守承諾。
- ◆ 與其他進行中的變革事項整合在一起。

有一說，重塑習慣需要21到66天，其實是沒有眞正的時間表。鞏固變革成果的最佳結局列舉如下：

- ◆ 利益關係人已經習慣變革事項。
- ◆ 變革事項已經融入日常工作當中。
- ◆ 客戶或供應商已經察覺並享受變革成果。
- ◆ 經財務分析後顯示變革帶來的利益高過成本。

7.6 監控與維護

行爲就是答案。本階段的工作重點在於對變革歷程的回顧與檢討。持續查核員工的行爲表現、關鍵事件的完成度，以及專案里程碑的設定及達成，並據此進行干預和獎罰。所有查核點（非財務指標）及查核方式皆需預先設立並通告周知。行爲分析時需考慮員工抗拒變革的要因，如圖7.5所示。重新利用如表7.2之變革歷程評量表，檢驗每一階段的表現，如遇有得分較低的細項，則需尋求補救措施。再次檢視變革的方向，以確定沒有偏離預期設定。開始評估工作團隊或委外顧問公司的表現，以及爲重新檢驗與改善變革平臺進行前期作業。研究變革歷程中的各項紀錄資料、檢討每一階段和里程碑的成果，編制簡明的圖表以描述變革的成功、效率以及利益關係人的接受度。公布後製作的圖表和文宣可激勵員工，維繫變革熱情不減。

7.7 變革平臺及持續改善

公司常態實施變革管理，如果不是正在進行變革，那就是在準備下一次變革。一個好的變革平臺是實施變革的保障，而這個平臺本身也需持續改善，才能因應未來市場變化的挑戰。因此，每一次變革之後就必需重新檢討、提出變革平臺的改善方案，並落實到下一次變革或正在進行的其他變革之中。變革平臺的關鍵工作包括：組織架構設計、人才體系（安排、獎懲和績效考核）與人才發展（培訓與發展）、溝通與評估方式，以及資訊系統的購置與維護等。確保實際的管理操作（人員分配、發展、獎勵、評估、溝通，以及資訊技術與系統）被用來補充與強化變革。

7.8 結語

本章提供一個近乎完整的企業變革歷程與實踐方法，說是一套「祕訣」也不爲過，適合需要快速變革且變革後很難預測的行業，例如：高科技產業與新興行業。這些行業應將變革管理視爲其他管理（策略、企業文化、品質，以及流程等）的平臺。就變革事項的分類而言，圖7.2之企業變革歷程模型最適合於「改變技術」，其次是「改變行爲」。若應用於「改變結構」，只能偶爾爲之，經常使用則本模型將淪爲權力傾軋與派系鬥爭的伎倆，絕非企業與員工之福。章節5.5介紹的變革文化即在說明企業全面引進新技術，一方面可順應市場變化，另一方面也可提升全員技術。從技術的觀點來看，本模型在實施時需要前後連貫、一氣呵成，所以變革領導人需要通盤瞭解整體過程。

任何變革都須遵循企業文化，甚至可以提升到國家文化與民族文化的高度，否則將以失敗告終。本變革模型較適合西方文化的大型企業，其中的配套重點是健全而優渥的社會福利政策（如：失業保險和失業救濟）、守法、具高道德標準（如：公平與誠信）、高薪、高學歷，以及消息靈通的獵頭市場等。企業如果多次應用本模型，一個員工就會在不同角色之間切換，所以很瞭解變革中的細微操作。當某員工從上一次變革的「主動」角色切換到本次的「被動」角色時，這時上文所述的「配套重點」方能化解其中的矛盾，否則很容易引發員工的抵制和報復行爲。

第八章

六種會議形式

本章將介紹下列六種不同的會議形式，各有其適用的情況，大都是從腦力激盪法（Brainstorming）衍生出來的。

1. 「集思協力」會議。
2. 工作坊（Workshop）。
3. 世界咖啡廳（The World Cafe）。
4. 六頂思考帽（Six Thinking Hats）。
5. 焦點小組（Focus Groups）。
6. 德爾菲法（Delphi Method）。

會議想要完成的目標呈多樣性，譬如：發現潛在問題、產生解決方案、定性分析，以及培訓與學習（知識、技能和經驗傳承）等，而深層的共同目標是尋求企業效益的最大化。不同的會議形式之間並非互不相容，其中的步驟和技術還是可以互通的。值得強調的是，會議本身是有成本的，所以要產出可執行的解決方案並付之實施，圖8.1顯示在PDCA循環中包含的各個活動大都需要會議溝通。

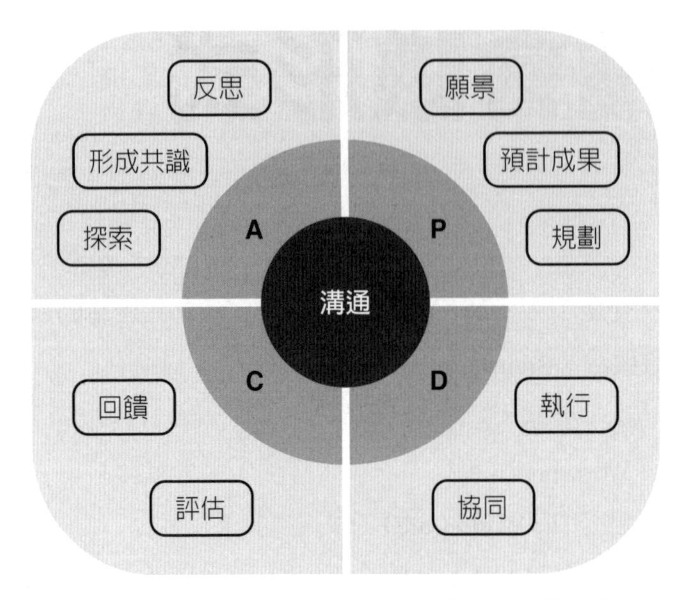

圖8.1　會議溝通讓PDCA循環活動運行更加順暢

諮詢專案中通常包括培訓部分，而教導企業並主持一場會議也可以包裝成一個獨立的諮詢商品。優良的顧問公司會針對公司客戶的企業文化指定或設計一種合適的會議方式。當一家公司無法通過會議解決問題的主因是企業文化時，與其引進新的會議形式，不如先進行一次企業文化變革。品管圈是一個典型的諮詢專案，也包括小組會議的培訓，但整體品管圈應歸類爲解決（品質）問題的一項活動程序。因介紹品管圈的專書衆多，本章不再贅述。

一個人可使用思維導圖工具或人工智慧軟體整理思緒、歸類內容，以及尋找訊息與靈感等。由於任何人都會有思考盲點，所以改採用多人會議形式進行，可以達到集思廣益的效果，但同時也需防止群體思維（Group Thinking）帶來的副作用。群體思維就是結果屈服於權威與多數人的意見，而這也是企業文化需要變革的一部分。員工的工作權和發言權理應受到公司良好的保護，至少不會因爲在會議中頂撞上司而受到不公平待遇。反之，如所言對公司有所貢獻，還會被破格提拔或實質獎賞。其次，會議可以促進跨部門，甚至是跨分公司的協力合作。

下文中將提到的「共識營」是團建的一種，此活動雖然也有一天的，但一般是兩天一夜的行程，呈現多種面貌如培訓課程、團康、激勵大會、分組討論、創意競賽、世界咖啡館，以及生存遊戲等。選在一處風景優美但地處偏遠的農場或度假村裡舉辦，主要目的是讓參加人員暫時離開城市喧囂，無法回家過夜或享受夜生活。有些酬庸性質的共識營允許家人同往，尤其是襁褓中的嬰兒。

8.1 「集思協力」會議

「集思協力」代表先是集思廣益，而後是同心協力。這種會議爲的是快速解決問題、改善流程，以及做出最佳決策的會議形式，並在會後將決策結果付之實現，但不適用於解決需要實驗證明與大量資料的工程和技術難題。本會議可分爲如下之三個階段：

1. 前期準備階段。
2. 討論與決策階段。
3. 實施階段。

員工理應爲老闆解決問題，而解決問題可以由一個人單打獨鬥，當然也可以由一群人共同完成。解決問題的人可以是內部員工，當然也可以是來自外部的專家和顧問。這裡隱藏了一個重要觀念：「人爲我所用，不必爲我所有」。以下列舉會議中六種解決問題的種類：

1. 進行決策。
2. 政令布達、內部宣傳。
3. 改善流程，提高效率。
4. 減少生產過程中不必要的浪費。
5. 跨部門溝通，消除壁壘。
6. 推進一般合作事宜或公開授權。

8.1.1 先決條件

會議內涵是企業文化的一部分，所以想要應用本會議方式，必先檢討企業文化的適應性。首先考慮的是要打破官僚氣息與山頭主義，注意外部市場動態與客戶滿意度。做到上下級貫通、上傳下達，以及計畫實施時對員工的充分授權。接著要進行跨部門合作、建立彼此信任、分享技術與資源，以及讓基層員工敢於發表意見，做到「知無不言，言無不盡」。最後讓員工參與會議和決策，建立員工自信心並共享合作成果。有了合適的企業文化配合，本會議方式才能發揮最佳效果。反過來說，公司也會因舉辦這樣的會議，逐漸鞏固並維護變革後的企業文化。

8.1.2 角色扮演

「集思協力」會議是個跨部門、跨知識領域，歡迎供應商、客戶以及其他與企業具有公共關係的機構代表參加，其中扮演的角色介紹如下所示：

- **發起人：**代表企業或客戶，投入資源、確保會議與方案實施順利進行，尋找財源與建立負責人（會議與方案實施）的人選，以及會後專案或變革的跟進。不參與會議，最多只開場白。發起人與（會議）負責人不得互相兼任。

- ◆（會議）**負責人**：準備會議、尋找並建立團隊（開會與實施方案）、協調各方意見、聚焦主題（不跑題）、確保公平發言、維護現場秩序、處理衝突、珍視結果，以及勇於負責等。會議只是工具，解決問題才是目的。會後需制定、監督、跟進專案計畫，以及團隊人員考核等。
- ◆ **開場發言人**：可由發起人、公司高管或是（會議）負責人擔任。
- ◆ **參加人員**：五到九名最佳，瞭解問題、參與討論，提出解決方案。沒有另外指派的話，會後同班人馬需實施方案。
- ◆ **方案建議人**：會議中提出解決方案並被採納的參加人員。
- ◆ **記錄員**：一至兩名，基本不參與討論。
- ◆ **計時員**：參加人員之一，按照既定的議程分配時間，提醒發言的剩餘時間。
- ◆（方案實施）**負責人**：實施解決方案或變革的代表人。一般來說，方案實施人也是會議負責人。
- ◆ **報告人**：向發起人進行總結報告，包含但不限於會議摘要、解決方案，與實施進展情況。報告人通常是會議負責人。

顧問可以從企業變革開始進行諮詢工作，而止於會議程序的指導。單就會議指導而言，顧問可以協助發起人準備會議、設立負責人條件，以及限定會議目標、時間與成果等。會議期間顧問可以扮演主持人的角色，而企業員工需要從培訓和參與中瞭解整套會議流程。主持人形同管理者，這個角色負責的工作如下所列：

- ◆ **規劃**：會前準備、會議設計、現場布置，以及會後的實施計畫等。
- ◆ **組織**：建議或決定人選、組建小組或團隊、分派角色、取得承諾，以及設定期望等。
- ◆ **指揮**：釐清問題、帶領節奏、鼓勵人員發言，以及確定方向等。

- **控制**：維持現場氣氛、化解衝突、協助產生一致性的結論，以及反映人員表現等。
- **教導**：提供諮詢、解釋會議程序和規則，以及說明角色任務等。
- **支持**：貢獻個人意見，以及分享資源等。

8.1.3 討論原則

事先制定會議的遊戲規則，與會人士才有可依循的標準，並讓會議以簡單和有效的方式進行。值得注意的是，本討論原則包含激烈爭辯，沒有夠強的心理素質，很容易在會議中造成心理創傷。以下列舉會議的遊戲規則：

- 不可違反企業的價值觀。
- 討論內容限定在原則性範圍內，不可逾越。
- 以結果爲導向，兼顧程序正義。
- 每個人都享有同等的發言權
- 鼓勵發言，尤其是提出新觀點，尊重別人不同的意見。
- 討論前期不打斷、不批評、不抱怨，不責備。
- 將激烈的爭辯留到討論後期。
- 在討論後期，不懼怕衝突，敢於據理力爭。
- 排除「官大學問大」顧忌。
- 針對意見批評，不得人身攻擊。
- 會後大家仍能恢復心平氣和。

8.1.4 會議程序

發起人籌辦會議並指派負責人，如果是要解決複雜或大型問題，可以先將問題先行分解成若干的小問題，再指派其他人員負責不同的小問題與會議。會議前做好充分溝通，讓與會人士都能事先瞭解問題。最好有專人負責會議室預定、場內布置、準備文具與道具，以及人員聯繫與食宿和交通安排等事宜。開會地點不限定在公司內部，也可以選擇共識營方式進行。章節9.7講述的員工培訓基地才是舉辦會議的好地方。

會議需依既定步驟有序進行，開會前要有充分準備。如果是要進行決策，先做好策略分析；若要推出新產品，先做好市場調研。與會人士是爲解決問題而精心挑選的，所以需具有與問題相關的專業知識、技術或經驗，最好可以邀請現場基層員工一同參加。會議進行時，高階主管可以列席，但目的是參與討論，而不是政令宣導，意見也不會格外被重視。

開會前，參加人員需充分休息。簡單的開場白清晰描述問題及背景。會議前期大家以開放的心情自由抒發個人意見，保持會議氣氛的生動、活潑與趣味性。每場會議時間控制在三十分鐘到一個小時最佳。此時，觀點與意見的數量呈現發散式增加，需有專人利用工具進行意見的分類與整理。會議後期，尋找討論內容的相關性、因果性以及確定難易度等。將問題、觀點與意見逐漸歸納與聚焦，最終形成結論。如有多重選擇，當場進行評估和決策，避免二次會議。會議後一定要產出解決方案，如一到兩個月內可以完成的小型專案，或是三個月（含）以上的大型變革。原則上，選擇操作簡單與成本較低的解決方案，如果無法解決當前問題，例如：遇到不可抗拒的原因或超出專業範圍，也要提出未來的研究方向或推薦更爲合適的接替人選。

簡單地說，這是一套會議的實踐過程而非理論，其目的是要杜絕「會而不議、議而不決、決而不行」的陋習。

8.1.5 應用工具

善用工具可以達到事半功倍的效果。如無電腦或線上工具，使用白板與便利貼也可以。下列是幾種可用於會議中的工具：

- **缺點列舉法**：針對某個具體的產品或服務模式，盡可能多地列舉現有的缺點，然後討論以找出主要缺點再加以改良。
- **5W2H法**：從不同的維度思考問題。
- **思維導圖或魚骨圖（參見圖7.5）**：以樹狀圖進行內容整理與分類，分析要因與思考對策等。
- **力場分析表**：可以幫助瞭解某一問題或解決方案助力與阻力的消長關係，以及呈現助力與阻力的嚴重事項等（參見表7.6）。
- **力量分析圖**：同力場分析表，參見圖7.8。
- **威脅／機會矩陣**：通過短期和長期中威脅和機會的對比，對解決方案的優劣進行評估，參見表7.4。
- **選擇表**：避免選擇障礙，除了表決以外，也可以利用如表8.1之選擇表，以取得一致性的結果。

表8.1　選擇表（示例，原用於品管圈之主題選定）

評價選項＼解決方案	方案名稱一	方案名稱二	方案名稱三
實施容易度	21	14	12
回報率	19	12	11
實施時間	30	10	13
團隊能力	38	8	29
總分	**108**	**44**	**65**
選定	●		

8.1.6 部分文件範本

表8.2是「集思協力」會議的一份會議通知單的範本，也可以充當會後彙報文件的首頁。問題描述是一道明確的問句，需要定義清晰，例如：「高速公路日常養護工程如何標準化施工及品質控制？」表8.3是會議紀錄的一個範本，記錄方式區分流水帳和分類／整理兩種，視情況而定選擇最佳記錄方式。表8.4是總結報告的一個範本。會議紀錄和總結報告應視為企業寶貴的知識而加以保留和分享。表8.5則是方案執行的申請表單。

表8.2　「集思協力」會議之會議通知單（範本）

會議通知單			
會議理由	為了建立文檔、書籍分類和管理機制		
會議名稱	知識管理前期作業會議		
問題描述	建立企業知識地圖後如何進行文檔和書籍的分類與管理		
達成目標	執行方案包括：文檔與書籍分類一覽表與管理辦法等		
範圍要求	• 區分中文和外文 • 採用國際和國家分類辦法		
發起人	趙立東	**會議日期**	20XX/03/08
負責人	高起強	**會議時間**	10:00～11:00
輔導員	孟得海	**會議地點**	圖書館辦公室
參加人員	姓名：安新　部門：知識管理處 姓名：孟金玉　部門：管理資訊系統處 姓名：陳詩婷　部門：產品設計處 姓名：唐曉龍　部門：品質保證處		
準備事項	要求所有部門提交部門收集的文檔和書籍名稱		
彙報人	高起強	**彙報時間**	14:00～15:00
彙報日期	20XX/03/12	**彙報地點**	本部大樓第二會議室
附件	各部門收集的文檔和書籍名單		
核准簽章	總經理 徐中（簽章）（日期）		

表8.3 「集思協力」會議之會議紀錄（範本）

會議紀錄	
記錄員	陳金墨
開場發言	（清晰描述問題及背景，開場白必需簡單扼要）
方案建議	（方案建議一）：（方案建議人）（建議事項） （方案建議二）：（方案建議人）（建議事項） （方案建議三）：（方案建議人）（建議事項） （方案選擇原則、過程與結果）
總結	（問題描述）（關鍵詞整理）（方案建議）
後續工作	（後續工作清單，欄位包括：工作名稱、負責人姓名、工作時間與期限，以及必要支援等）
附件	《文檔名稱一》 《文檔名稱二》

表8.4 「集思協力」會議之總結報告（範本）

總結報告	
問題	建立企業知識地圖後如何分類與管理文檔和書籍？
後續工作	1. 成立實施團隊 2. 專案實施前準備工作
財務分析	預計成本與成本結構分析
預計實施時間	會議後兩個月完成
所需支持與保障	1. 充足的電腦記憶體空間 2. 各部門開放文件閱讀許可權
附件	《實施團隊人員名單》 《專案實施前準備工作清單》

表8.5　「集思協力」會議之方案執行申請表單

<table>
<tr><th colspan="5">方案執行申請單</th></tr>
<tr><td colspan="2">方案名稱</td><td></td><td>發起人</td><td></td></tr>
<tr><td colspan="2">目標</td><td></td><td>時間安排</td><td></td></tr>
<tr><td colspan="2">主要內容
（工作重點）</td><td></td><td>成果／案例</td><td></td></tr>
<tr><td rowspan="3">團隊</td><td>名稱</td><td></td><td rowspan="3">資源／預算
（估計）</td><td rowspan="3"></td></tr>
<tr><td>負責人</td><td></td></tr>
<tr><td>成員</td><td></td></tr>
<tr><td colspan="2">附件</td><td colspan="3"></td></tr>
<tr><td colspan="2">核准簽章</td><td colspan="3"></td></tr>
</table>

8.2 工作坊

工作坊大多用於課堂培訓，當作一種會議形式時，可用來進行設計、創新與決策等。相較於上一章節的「集思協力」會議，工作坊的實施時間較長，例如：三小時到一個星期。策略相關的諮詢專案中最好可以安排幾次工作坊，針對高階主管（包括董事會成員）實施領導力培訓課程。內容除了領導力主要課程外，還要趁此機會說明諮詢專案的實施綱要與過程。經由認識諮詢專案，促進高階主管的支持與認可。

一樣要做好事前準備（如課程設計、資訊共享），設定問題與所要達成的目標等。場地可在會議室或採用共識營方式。會議中是否分組視情況而定，改用啓發、引導、遊戲、體驗與反思取代傳統的單向授課方式，最後進行總結。

用於課堂培訓時，講師是整個工作坊的靈魂人物，主要擁有授課主題的專業知識與技能，還能設計活動和體驗項目。可以邀請若干專業人士參與，以便快速進入情境以討論主題，並可提升討論內容的品質。用於創新與決策時，主持人除瞭解會議流程，還需盡到引導與打破冷場的責任。講師或主持人需整合參與者的論點、加進自己的意見，以及進行總結等。

「行動學習法」是工作坊的一種形式，但較適用於工廠與學校，而工作坊則較適用於辦公室與培訓中心。行動學習法更強調「做中學」，反覆地討論、學習和行動，甚至舉辦多場會議，直到達成預計目標為止。行動學習法中安排一名「督導員」，可隨時介入並打斷會議，提出質疑、引導新方向，以便產生「鯰魚效應」。

8.3 世界咖啡館

世界咖啡館除了可以同時產生多個議題的解決方案外，也可以是企業內部宣傳的一種方式，用來達成一致的變革或行銷共識。活動選在公司會議室或以共識營方式進行，場地可以不像咖啡館，但需營造出像咖啡館般安靜和不受打擾的環境。可以播放柔和的背景音樂以創造祥和氣氛，不一定要喝咖啡，但一定要讓與會人士產生輕鬆和愉悅的心情。這裡點出了一個重點：企業需要營造什麼樣的工作環境，才能讓員工感到眞正的安心和快樂呢？參加人員的規模可以從幾十人到數百人。如果議題很多，可採用共識營方式分爲兩天完成。

場地範圍內事先排好編號的若干張桌子和圍坐的椅子，例如：8張桌子，每張桌子各分配9張椅子，所以一共有72個人參加討論。桌面上預先備好文具，例如：原子筆、彩色筆、便簽紙與白板紙等，下文繼續介紹這個例子。

8.3.1 活動指南

除了一般會議禮儀，例如：不插話、不指責和抨擊他人的觀點外，還需遵循下列原則：

- ◆ 把討論當作是一件有趣的事，而且也要玩得盡興。
- ◆ 放鬆心情，讓自己有時間考慮和反思。
- ◆ 每個人都願意分享自己的見解、經驗與知識。
- ◆ 爲自己和他人提供便利。
- ◆ 同一時間只有一個人講話，其他人只能認眞聽講。
- ◆ 一定要聽懂對方想要表達的意思。
- ◆ 洞悉談話內容中的模式／範例、領悟，以及深層的涵義。
- ◆ 聚焦與主題有關的重要話題。
- ◆ 盡情地書寫、塗鴉與繪圖。
- ◆ 將不同的想法與概念關聯在一起。

8.3.2 活動程序

桌子的數量與議題相同，所以應有八個議題。議題是舉辦活動的原因，所以在準備活動之前，議題就已存在。每張桌子設桌長或桌主（Table Host）一名，可以在現場由助理推派或由小組成員選舉產生，每位桌長各負責單一議題，在活動當下才發議題給桌長。另一種方式是活動前先指派好桌長人選與負責議題，優點是桌長有充分時間瞭解議題。必要的話，提供桌長所需資料並提供會前培訓，課程如活動程序、溝通技巧，以及定性分析和工具等。桌長取得議題的方式有隨機抽籤、硬性分派與自由認養等多種。

活動進行時，依據桌子的數量將參加人員分成八組（彈性討論小團體），分組方式有抽籤、分派與自由組隊等多種。若世界咖啡館是共識營其中的一項活動，也可以沿用上一個活動的分組情況繼續進行。討論之前，如果同桌成員互不認識的話，可以先行簡單的自我介紹一番。

每桌成員根據活動指南、針對桌長負責的議題展開深度詳談。每個議題的討論時間（一回合）爲15分鐘到半小時。時間一到，鈴聲響起。各桌長及其助理輪轉到鄰桌，助理負責回收並帶走相關資料和紙張，其餘參加人員原地不動，等待新的桌長到來，換到下一個議題，繼續討論。爲了確定同一時間只有一個人發言，可以準備一個小物件，拿到小物件的人方有話語權。討論的回合數與桌子的數量或議題數相同，經過輪轉所有的桌子後，桌主已經得到相當多的意見，幸運的話，已產生結論。經過歸類、分析與整理，在會後或另擇其他時間做總結報告。大會可以依據桌主的報告內容及臨場表現進行比賽。

8.3.3 角色扮演

世界咖啡館的關鍵角色及其負責工作介紹如下：

- **主持人**：會前講解活動程序與遵守原則、競賽的得分和扣分標準，負責整場的進行節奏與按鈴（或吹哨）。在活動結束前進行講評、宣布各組比賽成績，以及頒獎等。
- **桌長**：講解議題的背景、內涵、重點和限制等，帶動氣氛、引導和鼓勵同桌人員抒發己見，彙報（口頭和書面）以及分享討論成果等。

- **助理**：即桌長助理，提前瞭解所負責議題的相關知識和技術。保管文具與文件、依據會議規則與流程維持秩序、桌面擺件與整理、配合主持人調整活動節奏，以及文書處理等。如有競賽，依據規則和現場人員表現打分數。
- **參加人員**：根據主題，想講什麼就講什麼、參與討論、在他人的想法基礎上加進自己的意見，或另提新的主張，願意貢獻自己的知識和經驗。

8.4 六頂思考帽

六頂思考帽是一種特殊的會議形式，不再分組，會議中使用六種不同顏色的帽子分別代表六種思考方式，參見表8.5。

表8.5　六頂不同顏色的思考帽及其簡要說明

帽子	代表	說明
紅帽	感性	突如其來的感覺或情緒，不需要任何理由，憑藉個人情感與預感，本能和直覺思考問題並提出意見
白帽	理性	重視邏輯，透過事實、數字、已知文獻和訊息等，不帶偏見地從科學與中立的角度論述事情
黃帽	積極	正向思考市場的機會與企業內部優勢，列舉可能的利潤、成功案例、可行性分析，以及建議解決辦法等
黑帽	消極	負面思考市場的危機與企業內部劣勢，提出面臨的困境、缺點、可能遭受的損失、潛在問題與限制等
綠帽	創意	以橫向思考（Lateral Thinking）或跳躍性思維方式，提出新想法、新概念、替代方案，以及其他解決辦法等
藍帽	管理	依據臨場狀況決定每一位參與者頭戴帽子的顏色，掌控全場進程，負責會議內容的加值、整合、摘要與結論

事先定義帽子顏色的立場與作用，區分出感性與理性、積極與消極、縱向與橫向，以及建設性與破壞性思維。利用思維的對立與矛盾方式，以便發揮大家的想像力並達到「正反合」效果。戴藍帽的擔任主持人的角色，把控整場會議流程、指定每個參與者的帽子顏色、下達更換顏色帽子的指令，以及維持發言秩序等。

不同於世界咖啡館的議題替換，六頂思考帽變更的是思維方式。主持人可以依據話題討論的進展情況，主動讓大家戴上同樣顏色的帽子、少數特定顏色的帽子，或是顏色互異的帽子。經由這種方式強化討論力度、進行換位思考與意見表達，或化解論點對立的尷尬，並且獲得觸類旁通與舉一反三的結論，甚至期待有橫空出世、具顛覆性的解決辦法。

8.5 焦點小組

焦點小組會議主要由一個人發起與主持，進行一對多的面對面訪談。顧問透過此會議形式，訪談公司內部少數的領導人和高層管理者，從而快速認知他們的經營哲學。如果訪談的是基層員工，需要事先取得他們的信任，免得被誤會成公司裁員或績效考核的先兆。市調人員也可藉此會議形式瞭解一般消費者的心態，以補充量化的問卷調查結果。還有焦點小組也適合對新事物的探索與研究。既然是多位人士參與，所以允許他們討論。如果不想讓他們交談，可以改採一對一的深度訪談法（In-depth Interview），或是下一章節介紹的德爾菲法。

參加人士是挑選過的或事先決定的，人數在可控範圍內，依據人性因素（Human Factor）理論，即五到九人。如果安排兩個（或以上）

主持人進行訪談，可以區分主輔，也可以依據個人的知識背景進行分工。爲了得到想要的答案，會前有時需要有針對性地設計（結構性與半結構性）問題，訪談期間需注意問題的先後順序，當然也可以是開放性的深度討論。訪談現場可以沒有桌子，如果有桌子也不限形狀，圓桌、長條或方桌皆可。在受訪者同意下，可以全場錄音以避免遺漏細節並利於後續的內容整理與分析。

焦點小組對主持人有較高的要求，除了善於傾聽、引導話題、眞誠互動與現場控制外，定性分析是基本訓練，以及主持人的知識層面和地位需與受訪者相匹配。章節5.3.1的圖5.3與圖5.4分別提到訪談時對關鍵詞出現的時間和次數進行定性分析。若主持人對訪談技巧缺乏信心，延伸閱讀下列一系列叢書應該有助於提升主持人的訪談技巧：

- 《FBI教你讀心術》。
- 《FBI談判協商術》。
- 《FBI套話術》。

8.6 德爾菲法

德爾菲法可用於決策，値得一提的是，此會議形式也可用於對未來事件（可能性）的預測和探索。針對單一非組合的概念或議題，首先由工作人員（一個人或一群人）選出並組織專家團隊，參與人士可以是企業內的員工或來自外界的專家或學者。而後透過若干回合的匿名輪詢（Polling）每位專家團隊成員的主觀意見與判斷，或進行問卷調查。專家團隊成員彼此間不參與討論，僅能獨自發表意見或作答，避免相互影響以形成扼殺少數聲音的群體思維。如果是以問卷調查形式進行，亦需符合問卷調查的注意事項。工作人員負責誘導但不干預議題（走向與結果），回收意見或答卷，進行資料清洗、修正、分類、關鍵詞提取，（定量與定性）分析與匯總等，再將整理後的結果傳送給每位專家，以便進行下一輪的相同作業。經過多次反覆的輪詢意見或問卷調查，整理後的結果逐漸收斂，最終獲致一個「合衆多主觀爲客觀」的共識答案。

像大學院校這樣的學術（研究或出版）機構，教授、研究員或編輯也會將論文或實驗結果傳送給幾位在領域內具有影響力的學者，以便得到他們對論文的修改意見或對實驗結果的解析。這種方式類似德爾菲法，但通常相同的論文或實驗結果在一次性詢問後就會結束，不會像德爾菲法這樣一而再、再而三地反覆進行。

8.7 會議的屬性與內涵

上述會議的共同點是會前的充分準備、設定目標與效果，以及會後的解決方案的確實執行。以下列舉不同會議形式的各種屬性，顧問公司可以根據這些屬性指定或設計會議形式。

- 會議的主要功能是培訓、決策、解決問題或預測未來？
- 單一議題或多個議題？
- 問題設計：結構性、非結構性，或半結構性？
- 對主持人的資質和訓練要求高嗎？
- 是否需要外部專家加入？
- 參加人數是多少？
- 是否分組進行？
- 在分組條件下是否舉辦競賽？
- 參加人員彼此是否可以進行討論？
- 會議時間是多久？

一家企業採用什麼樣的會議形式也是一種企業文化的體現，因此可以對應到企業識別系統裡的視覺識別（VI）、行爲識別（BI）與理念識別（MI）三個層次。會議形式固然要遵守、討論禮節和行爲要規範，但會議的精神與內涵更加重要。如何做到讓與會人士願意提供眞實、高價值的意見，這才是管理層要思考的問題。同樣的道理，員工願意和公司分享他們的發明與專利，這需要什麼企業文化啊？

第九章

諮詢行業

根據一份針對中小型企業諮詢的體驗和需求調查報告，接受服務的甲方認為諮詢對他們「有幫助」的占絕大部分，僅有少數企業認為「很有幫助」或「一般」。諮詢結案後乙方最好向甲方要求寫一份「客戶感謝函」，可用於傳承、廣告和投標，以及當作顧問的訓練教材等。諮詢業可提供較常見的諮詢服務，列舉如下：

◆ 培訓計畫、共識營活動。
◆ 人力發展、人才推介／獵頭。
◆ 企業文化、企業識別系統。
◆ 商業模式、可行性分析。
◆ 市場調研、策略管理。
◆ 經營管理、業務發展。
◆ 員工滿意度調查、客戶滿意度調查。
◆ 法務、公共關係、危機處理。
◆ 財務：會計師簽證、成本管控、預算管理。
◆ 資本運作、融資、股票上市上櫃。
◆ 各類認證輔導。
◆ 引進或升級資訊系統。

9.1 企業需要諮詢

再高明的經營者也會有知識盲點，尤其是陷入困境與無助的時候，必然曉得諮詢的重要性。即使是行業裡的巨擘，爲了維持業界的領先地位也需引進外腦。企業尋求顧問公司的協助，主要的原因列舉如下：

- 不知道問題出在哪裡？例如：業績消退、缺乏策略。
- 意識到問題所在，但提不出解決方案，例如：赴國外發行股票、企業文化缺陷。
- 可以自行找出問題並提出對策，但缺少管理工具或資訊系統，例如：引進六標準差或導入物流管理系統。
- 完全有能力自行處理，但需假外人之手，例如：遣散員工。

選用顧問公司以尋求外援的好處是：

- 對某一管理領域具豐富經驗。
- 擁有市場情報與競爭者資訊。
- 可享有顧問公司提供的人脈與資源等。
- 瞭解產業趨勢，並可預測未來。
- 沒有人情包袱，行事客觀公正。
- 旁觀者清，較易瞭解企業問題。

9.2 管理顧問

顧問即諮詢師，古時候稱爲軍師，指的是從事諮詢工作的專業人士，實現價值的方式如協助客戶解決其所面臨的問題，以及爲客戶獲得並維持競爭優勢等。顧問不需領有證照，但領有各類證照更好，例如：PMP國際專案管理師認證。廣義的顧問存在於我們日常的生活環境，比方說，醫師提供醫療與健康方面的諮詢服務、律師提供調解及法律諮詢服務，其他的例子還有會計師、營養師、導遊和健身教練等等，不勝枚舉。管理顧問最好（但非必要）來自實業，本身具備實際的工作經驗，最好還有良好的人脈關係。顧問公司若由大型企業轉型，或有大型企業在背後支援，在諮詢技術與產業經營資源上比較有優勢。

顧問必需取得甲方管理層的信任，並站在他們的高度提出系統化與有序化的解決方案，這是兩大難題中的一個。顧問的一項修爲是有能力在極短時間內判斷出委托公司最適合的管理方案。圖9.1根據「提供資料的能力與深度」和「專案或流程的複雜度」兩個維度，分類出四種不同類型的企業以及所屬最爲需要引進的管理諮詢方案。縱軸即代表甲方資訊化的程度，而橫軸也代表諮詢專案的困難度。

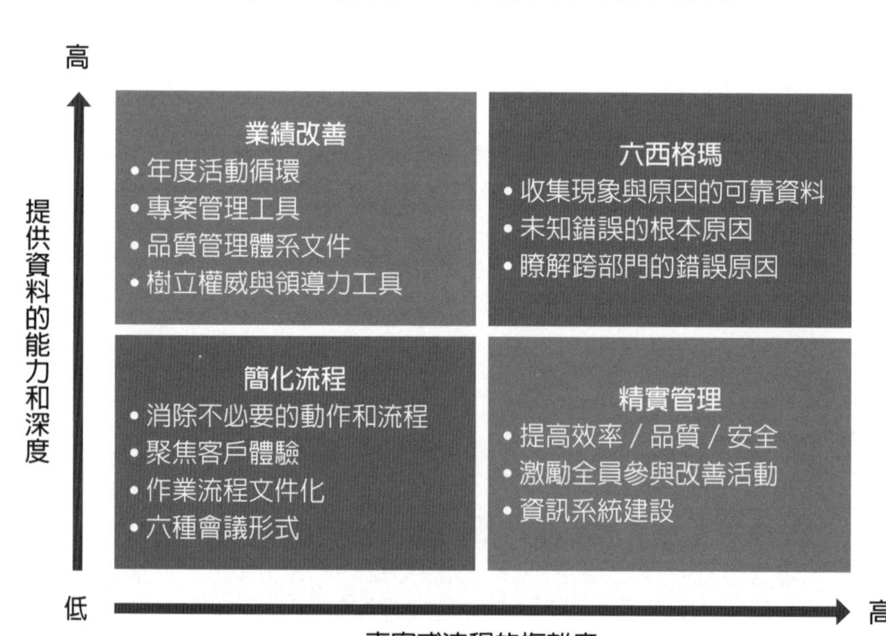

圖9.1　諮詢方案的四象限分析法

另一個顧問遇到的難題則是如何讓客戶滿意並樂意付款，這才是一門非常高深的學問，而決定付款的金主就是管理高層。其次，管理諮詢工作需建立在對雙方企業文化理解基礎上。每一位顧問都知道，就能力而言，顧問應該是T型人才（T-shaped Talent），即專精某一項技能且廣泛地涉獵其他領域的知識。顧問在執業期間，剛開始甲方還會記得顧問的專業，但時間一久，各種意想不到的問題紛至沓來。如果無法妥善地回答問題，將會影響甲方人員對顧問的信任。顧問因經常要面對客戶，所以需要溝通技巧無礙。懂得各種分析工具及資料庫操作。文學功底要好，文字表達能力強，有藝術涵養，能製作精美的PPT檔案，宣講時又有表演天分。簡單地說，顧問需要做到十項全能、面面俱到。實際上大家都知道，顧問絕非無所不能，但求做到專業化諮詢而已。

9.3 收費方式

諮詢專案的基本收費方式有以下四種：

1. 分期定時收費。
2. 依模組或階段收費。
3. 按人天工作時間收費。
4. 依據效果收費。

第一種收費方式從簽約日開始，每隔一段時間（如一個月或三個月不等）甲方都須向乙方支付一定比率的費用。此種方式大都用於期限固定且與過程無關的專案，爲了保證品質，甲方可以保留適當比率的品質保證金。表9.1顯示此種收費方式的一個案例。

表9.1　定期定時付款方式（示例）

期次	支付方式	支付比率
1	簽訂合約之日起七個工作天內，甲方向乙方支付合約預付款	30%
2	簽訂合約滿六個月後起七個工作天內，甲方向乙方支付諮詢服務費	60%
3	合約結束且驗收合格後起五個工作天內，甲方向乙方支付尾款	10%

第二種收費方式大都採分期付款，並依據過程中完成的模組區分期次，在合約上載明各期費用占總額的比率或實際金額。若爲三期制，例如：簽約、策略分析與策略規劃，一般付款方式爲40%、30%與30%，有時甲方會保留10%的尾款。

第三種收費方式較適用於程序與步驟清晰的專案。不同的實施人員每日收取的費用有高低之分，天數包括現場時間與準備時間，統計收費與天數即可得到該專案的整體報價了，參見表9.2。

表9.2　專案計畫預算（示例）

工作	細項	實施人員	天數
專案啓動	管理層領導力培訓	培訓老師	1.5
	專案計畫講解	專案經理	1.5
管理體系評估	實施前講解	專案經理	2
	定量問卷發放與回收	諮詢助理	7
	定量資料分析	管理顧問	3
	階段性報告	資深顧問	3
	定性訪談	資深顧問	12
	定性資料分析	管理顧問	5
	總結報告	資深顧問	3

工作	細項	實施人員	天數
培訓一：策略規劃	策略規劃與分析工具	培訓老師	3
	工作坊實務	培訓老師	3
	企業管理工具與技巧	培訓老師	3
策略規劃	管理層工作坊	資深顧問	6
	焦點小組會議	管理顧問	6
	策略分解	資深顧問	6
培訓二：流程改善	專案管理	培訓老師	3
	管理流程改善	資深顧問	3

第四種收費方式是以結果爲導向的，在合約中明定需完成的目標或事項，例如：達成業績上漲30%、通過某項國際認證等。如未達成預定效果，可以只收取前期運作的費用，甚至不收費。

9.4 差異化諮詢

顧問公司一樣需要面向市場，因此企業文化傾向於「自主創新」或「業績導向」。在差異化競爭的諮詢行業，每家顧問公司也需要品牌定位，塑造與衆不同的諮詢方式，才能讓客戶有耳目一新的感覺和體驗。實施專案時，顧問公司先確定適當的問題解決方法和步驟順序、制定課程培訓計畫、整合解決最大挑戰所需的工具，最後注重文化和變革管理以保持專案成果。以下列舉專案實施中所需強調的重點或維度，顧問公司需對這些維度進行取捨，並以不同比例的組合形成顧問公司的特點與口號（Slogan）。

◆ **品質**：解決方案的基本要求。

◆ **吻合度（Alignment）**：解決方案貼切問題核心的差距。

- **接受度（Acceptability）**：解決方案是否符合客戶期望。
- **責任制（Accountability）**：實施解決方案的甲方員工都能忠於職守。
- **結果導向**：以最終結果或效果爲前提，反推所需的解決方案。
- **工作效率**：實施時間短、成本低。
- **創新**：重新設計的獨一無二之客製化解決方案。
- **最佳實踐**：解決方案經過多家前500大企業認可。
- **利益關係人**：選擇最佳的專案參與人員。

9.5 成功諮詢因素

作對、作好，過程平順，多方面符合上一章節所列舉的強調重點都是實施諮詢專案成功的因素。一般諮詢專案不外乎協助甲方消除產品缺陷，減少變異，改進生產／服務流程並避免浪費，快速解決任何已知原因的問題，或使用通行的方法領導和管理企業變革。以上解決方案、管理工具與資訊系統最好來自顧問公司內部。例如：像IBM這樣擁有全球企業諮詢服務的大公司，輔導並引進自家現行使用的管理方式和相關資訊系統即具有絕對的優勢。

如果顧問團隊具有足夠的才能與資源，在入駐客戶公司後無需表現出謙虛爲懷的態度，適當的自大與驕傲反而有利於強勢領導。任何諮詢專案都屬變革活動，自然會遭到來自客戶公司內部員工的抵制和反抗。來自客戶公司高層的充分信任，盡量配合諮詢工作，不堅持既有的認知和行爲，不隨意變更軟體設計，諮詢工作成功的機率將大爲提升。一旦遇上甲方員工杯葛，甚至憤而離職，有條件的顧問公司可以立刻派遣相對應專業的替補人員，讓甲方企業無接縫營運下去。

9.6 矩陣式組織結構

因應市場需求變化大的行業，例如：3C產品，引進產品經理制度並建立矩陣式組織結構是很好的策略。每項產品由一位產品經理負責，需要一路統籌產品概念、研發、工程與測試、製造、行銷與客服等多個業務部門，形成產品的生命週期。圖9.2顯示一個平面的矩陣式組織結構，縱向是各個業務部門，而橫向則是不同產品的臨時團隊組合。在矩陣式組織結構下，平時員工在所屬部門接受培訓而成長，當有任務來臨時，接受產品經理的徵召或由部門主管指派，加入某產品的生命週期，因此期間會有兩份來源不同的考績。

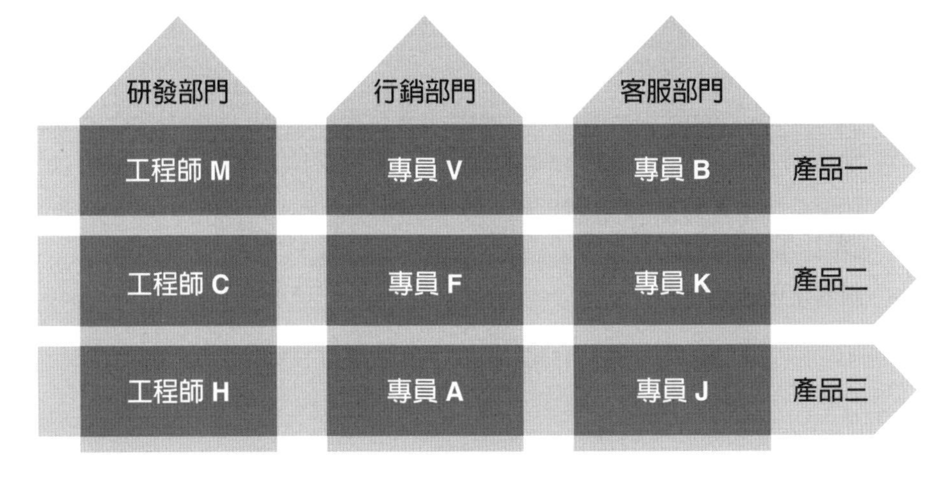

圖9.2　矩陣式組織結構示意圖

開展一個諮詢專案需要多個業務部門之間的互相配合和支持，因此諮詢行業也可採用這種組織模式，甚至進階到三維的矩陣式組織結構，參見圖9.3。顧問公司可利用如下的三個維度區分顧問群：

◆ **熟悉某個行業的**：如交通、能源、環保、金融、電子、資訊。

◆ 具有某種專業的：財務、稅務、法務、策略規劃、商業模式。

◆ 深耕某個國家或地區文化和公關的：北美、東南亞、印度、首爾。

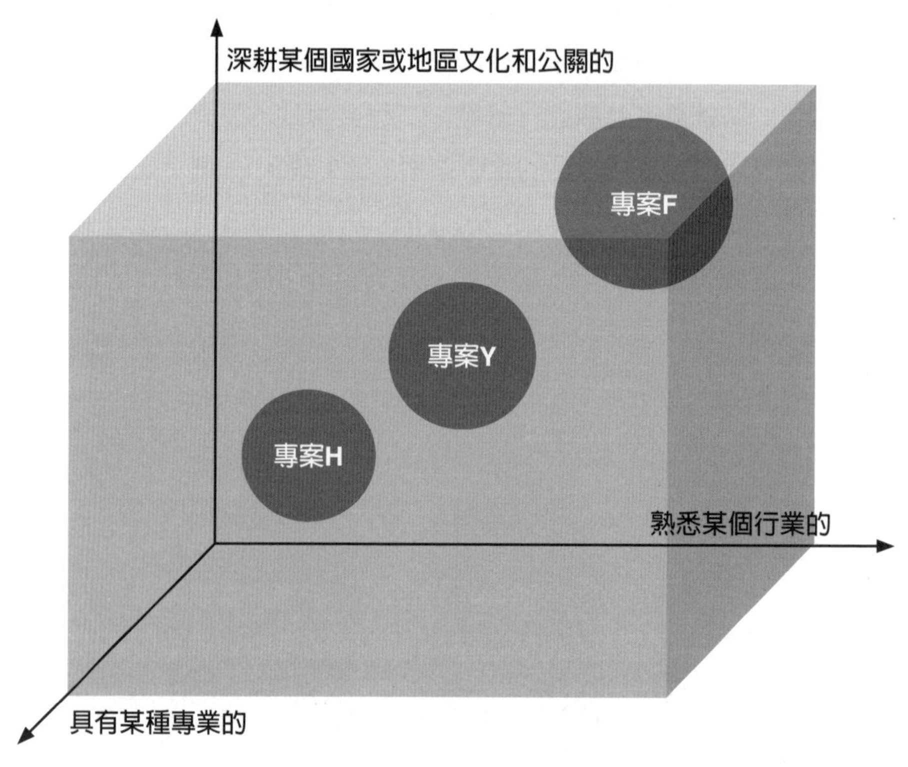

圖9.3　三維的矩陣式組織結構（示例）

結合上述三種人才以組成堅強的諮詢團隊，利用彼此不同的專長相輔相成，不但避免了人才浪費，還可進行全國性，甚至是跨國的諮詢服務，據說麥肯錫公司就是採用這種三維的矩陣式組織結構，對諮詢業務實施立體式管理。此三維矩陣式組織結構同樣適用於大型跨國公司，譬如：將產品經理、其他專業分工的職能部門，以及地區代表（或品牌經理）組合在一起。

9.7 頂級顧問公司的優勢

很多國際知名的顧問公司的前身是會計師事務所，這不由得在此先介紹四大國際會計師事務所，分別是：

- 普華永道（PricewaterhouseCoopers International Limited，簡稱PwC）。
- 畢馬威（Klynveld Peat Marwick Goerdeler，簡稱KPMG）。
- 安永（Ernst & Young Global Limited）。
- 德勤（Deloitte Touche Tohmatsu Limited）。

全球諮詢業界的佼佼者，總是排名在前的有：

- 麥肯錫（McKinsey & Company）。
- 波士頓顧問公司（Boston Consulting Group，簡稱BCG）。
- 貝恩諮詢公司（Bain & Company）。

麥肯錫全球研究院（MGI）長期致力於經濟學和管理學，以及兩種學科結合的研究，可為企業提供全球經濟演變趨勢的預測與協助商業管理決策，終成國際高端智庫。其中從經濟學的視角「預見未來」才是頂級顧問公司的最佳優勢。

奇異公司（General Electric Company，簡稱GE）在傑克．威爾許（Jack Welch）擔任執行長期間創立了克勞頓維爾領導力中心（The Crotonville Leadership Institute），位於紐約州哈德遜河邊。這是一個非常成功的員工培訓基地，同時也對客戶開放。奇異公司絕大多數的高層管理人員都在此校園學習過，號稱「高級領導幹部成長的搖籃」與「全球第一所企業大學」，甚至有137人成為其他知名大企業的總裁。諮詢專案中經常包含培訓課程，擁有企業教育訓練基地是顧問公司的頂級配置。

9.8 合約內容綱要

編寫合約是顧問的基本功之一。當雙方或多方有商務合作時，以公平交易爲原則，符合相關法律前提下，將友善協商後一致的意見與承諾寫成書面文件，即爲具有法律效力的合約，有條件的企業應由法務人員確認其中內容。以下列舉合約內容綱要（符合5W2H分析法）：

- ◆ 定義簽約各方：一般而言，出資的是甲方，提供產品與服務的是乙方，充當見證或仲介的是丙方。
- ◆ 合約履行地點。
- ◆ 所需完成事項：提交物件、達成目標、工作成果，以及服務範圍等。
- ◆ 時間限定：簽約日、合約結束日期、工作進程，以及甘特圖等。
- ◆ 各方的責任與義務：包含各方投入的人力與資源，以及提供的資訊等。
- ◆ 收費：包括總額與費用支付方式。
- ◆ 著作權、商標與專利權等的歸屬。
- ◆ 保密協定。
- ◆ 互不惡性挖角宣示。
- ◆ 罰則：約束各方行爲，違約的處罰辦法。
- ◆ 仲裁：遇有合約糾紛時的解決辦法，通常以甲方所在地的地方法院爲爭議解決機構。
- ◆ 合約終止與修訂條件。
- ◆ 各方簽章與日期。

第十章

進階管理工具

專業與業餘之間的差距經常不過是技術以及使用工具不同罷了。顧問至少在使用工具上要比客戶好一點點，否則如何提高說服力呢？章節1.6.2介紹的年度活動循環是進階版的甘特圖，把整年週期性的固定工作標示在一個圓圈周邊，不同部門的工作還可以利用同心圓分別顯示和安排。章節8.1的「集思協力」會議源自腦力激盪法，在實際應用上更勝後者一籌。二維變數形成的四象限矩陣可以擴充成爲九宮格或十二方格，甚至還可以加權計算以進行多變數分析。下文中將介紹更多的進階管理工具。

10.1 競爭策略三角模型

波特的低成本或實現產品差異化都是最佳產品策略，希望做到業界的第一名。在此傳統的競爭策略之外，後來又出現了兩種新興的競爭策略，形成如圖10.1所示的競爭策略三角模型。

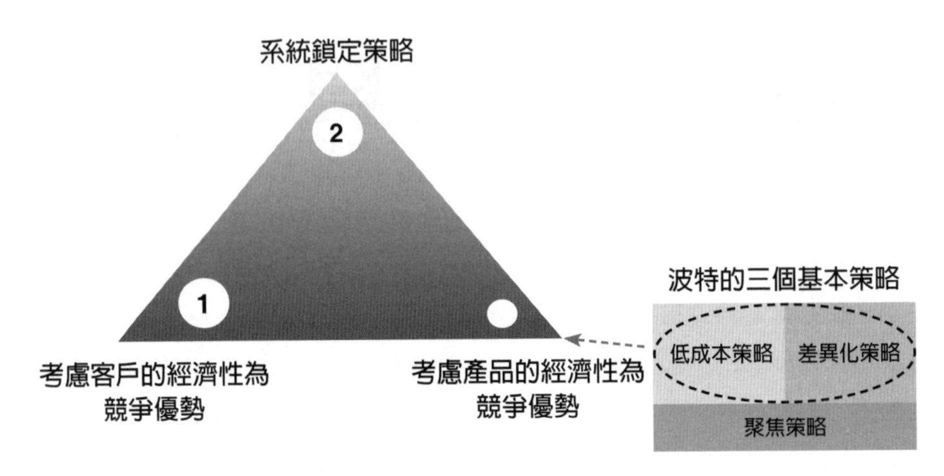

圖10.1　競爭策略三角模型

第一種是考慮客戶的經濟性爲競爭優勢，增加客戶利益或降低客戶生產成本，實際例子如聯合經營、聯盟、培力（Empowerment）、諮詢，以及人脈和資源分享等。

第二種是要做到唯一的系統鎖定策略，方法是整合系統中能夠創造價值的所有生產要素、把競爭對手擋在門外，以及制定行業標準等，最終達到壟斷的目的。由於使用者不想改變已經形成的習慣，軟體系統業較多是屬於這種策略。

10.2 進階策略分析模型

章節2.2中的圖2.2是PEST分析與波特五力分析的結合體，本身就是進階的外部環境分析工具。典型的PEST分析包括政治、經濟、社會與技術四個層面。隨著時代演進，產業生態日趨複雜，於是考慮的因素愈來愈多，而有了PESTEL分析。即在PEST的基礎上另加上環境與法律。當然也可以依據實際需要，增加其他因素，例如：人口特徵與統計，全球化以及倫理道德等，參見圖10.2。

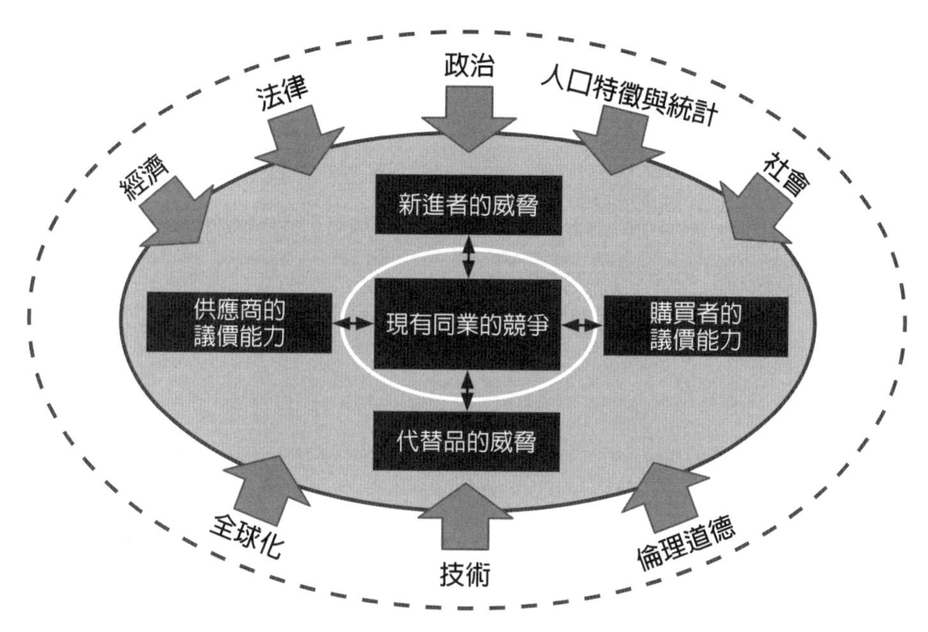

圖10.2　進階PEST分析與波特五力分析的關係略圖

10.3 內外部因素評估矩陣

進行SWOT分析時，經由會議和腦力激盪，盡量收集關於企業內部現有的優勢和劣勢，以及外部市場的機會與威脅。當四個維度的市場訊息掌握過多，企業只需關注前面幾項重要的即可，若放任個人取捨就容易產生主觀與偏見。解決的方法有三：

1. 在兩個變數的情況下，例如：「對市場的影響程度」與「企業對此因素的操控能力」，利用GE矩陣選擇關鍵因素。
2. 體現二八法則，採用帕累托圖（Pareto Chart）。

3. 使用內部因素評價矩陣（Internal Factor Evaluation Matrix, IFE）和外部因素評價矩陣（External Factor Evaluation Matrix, EFE）。兩者與SWOT分析非常相似，可以被當作進階內外部環境分析工具，參見表10.1和表10.2。依據重要程度，爲每一個因素進行加權評分後，即可得到關鍵的內外部因素。

表10.1　內部因素評價矩陣

關鍵內部因素	權重	評分	加權評分
優勢			
1			
2			
…			
劣勢			
1			
2			
…			
總計	1.0		

表10.2　外部因素評價矩陣

關鍵外部因素	權重	評分	加權評分
機會			
1			
2			
…			
威脅			
1			
2			
…			
總計	1.0		

10.4 加上虛線圈的影響圖

記得在章節7.4中的圖7.6曾出現過影響圖，用於描繪公司內各部門的關鍵利益關係。此工具的應用廣泛，在章節2.4.1也提到可以用於分析同業各競爭者之間的交互關係。章節2.5提到顧問可利用影響圖快速辨識甲方公司裡的關鍵人物。

在觀察或工作期間，各實體（公司、部門或個人）之間的關係和影響力都會隨著時間推移而產生變化。參見圖10.3，圖中的虛線圈即可表達在時間視窗增加（外部圈）或減少（內部圈）的動態變化，此虛線圈也可以是顧問公司主觀的期待。加上虛線圈的影響圖可以讓顧問公司瞭解應在哪些方面花費較多的時間與精力建立和強化關係，以影響關鍵利益關係人與意見領袖等。

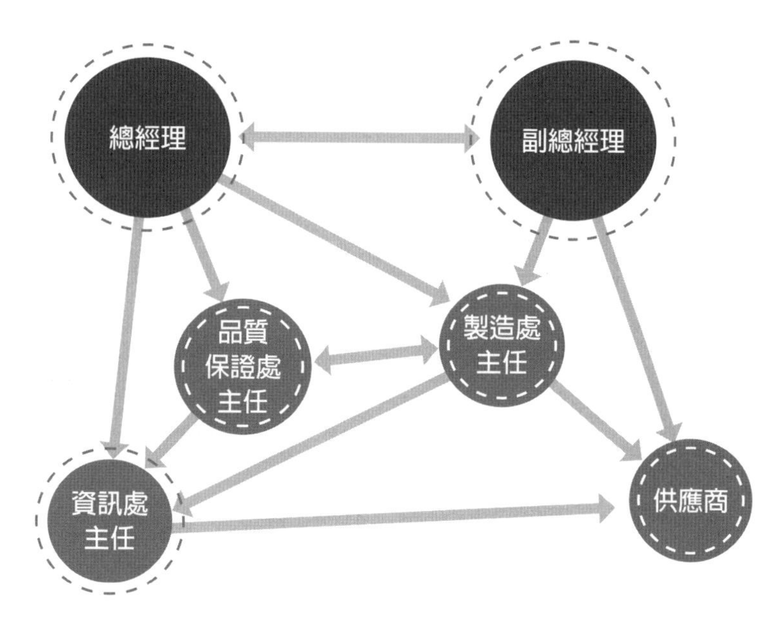

圖10.3　加上虛線圈的影響圖

10.5 增加一條神奇弧線的波士頓矩陣

章節2.5.3提到的波士頓矩陣，可用於企業內的部門／產品分類，進而決定資源配置的優先順序，形成產品組合，以利企業的永續經營。觀察圖2.6各產品所在的位置，只有明星類產品才值得重點扶持與投資。

GE矩陣在波士頓矩陣的基礎上增加了一條弧線，於是產生了神奇效果，參見圖10.4。弧形曲線右側涵蓋金牛類和問號類的部分業務／產品也值得被珍視，以免造成遺珠之憾。被網羅的金牛類產品具有稍高的市場增長率，而二次才選中的問號類產品則有稍高的相對市場占有率，也就是具有稍強的競爭優勢。

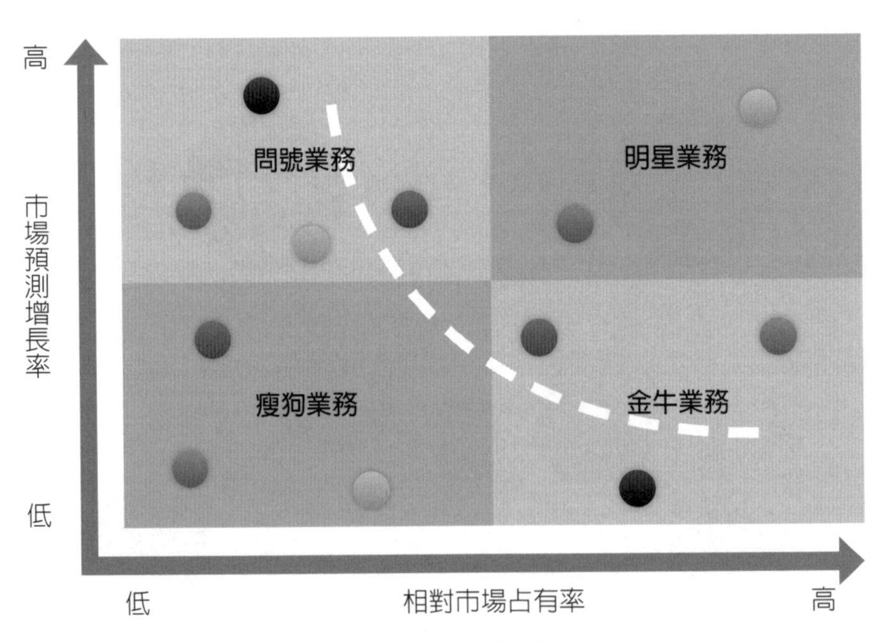

圖10.4　GE矩陣

10.6 強調價值觀的員工考核表

在人才管理體系中，企業利用業績和價值觀兩個維度週期性考核員工，可以得到一個九宮格的二維評價表。企業應該更重視員工的價值觀考核才對，在九宮格的基礎上再加上一欄，形成如圖10.5具有12個區塊的員工考核二維評價表。

業績＼價值觀	未達預期	符合預期	超出預期	表現卓越
超出預期	需要改進	需要改進	表現優秀	標竿模範
符合預期	需要改進	正常表現	表現良好	表現卓越
未達預期	不滿意	需要努力	需要努力	需要努力

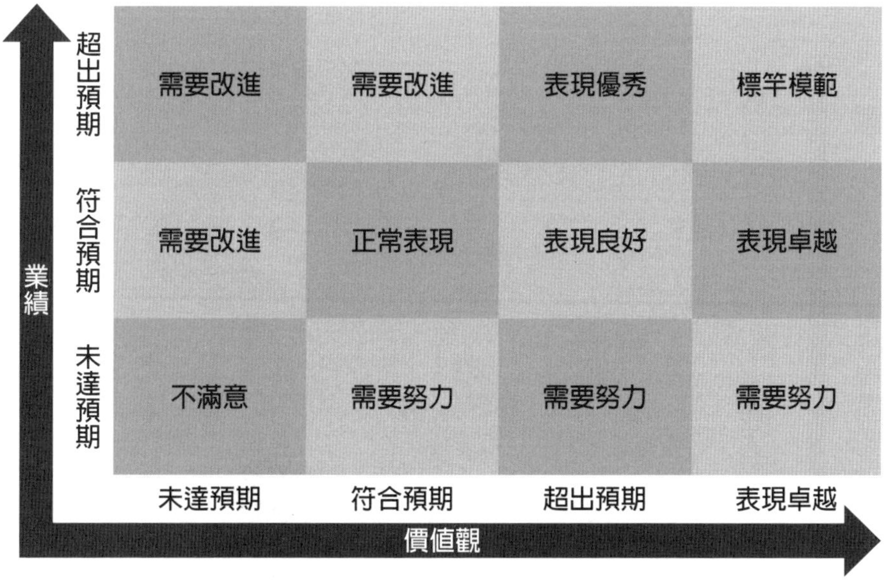

圖10.5　強調價值觀的員工考核二維評價表

從圖10.5中可以發現，企業對價值觀的要求勝過業績表現，即使員工的業績表現優異但不符合企業價值觀仍須被要求改善。表現優秀的員工可以得到晉升、加薪以及職業發展規劃。需要改進和努力的員工給予第二次機會（培訓或調職等）、制定改善計畫，並接受三個月後的再次評估。業績不好的員工接受技能培訓，而價值觀不符的接受企業文化的薰陶。考核不滿意的員工很可能在短期內被資遣。

10.7 進階的目標市場分析圖

圖3.4之目標市場分析圖上的圓圈代表細分市場、客戶群或產品，以供我們進行市場定位。現再擴充這個工具的用途，利用圓圈面積的大小顯示該市場的規模，而後，可以像「切蛋糕」似地，利用圓餅圖顯示我方公司的市場份額，參見圖10.6。可以同時使用圖10.6和圖3.5的優點，進行更精準的市場定位分析和決策。

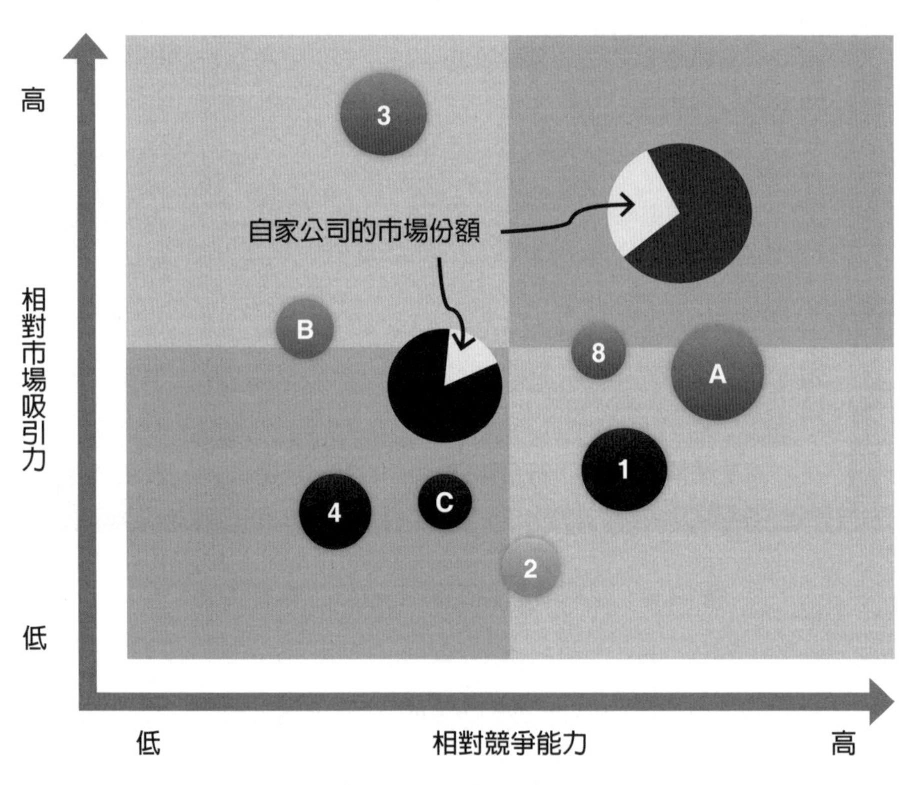

圖10.6　顯示我方公司市場份額目標市場分析圖

10.8 調查表的進階功能

調查問卷的設計也需講求技術面，現以表2.3之企業管理體系評估問卷爲例，陳述調查表的進階功能。此問卷採用五等級的李克特量表（Likert Scale）設計而成，操作時不記名但塡表人需勾選個人基本資料。

10.8.1 有效問卷樣本數

爲了使分析結果具有說服力，樣本需符合統計學要求。假設調查的目標群體爲4,000人，抽樣率至少也要30%。預估問卷的回收率爲75%以上，理想的無效問卷率在10%以內，則最終有效問卷的樣本數約爲：

4,000×30%×75%×（100%－10%）＝810

10.8.2 無效問卷檢查

在進行問卷調查時，經常需要辨別問卷的有效性。無論太寬容或過於嚴格都不好，前者降低可信度，而後者怕有效問卷份數不夠。以下列舉判定無效問卷的一些規則：

- ◆ 重要個人資訊未塡，或不明確。
- ◆ 沒有回答的題目數超過題目總數的三分之二，或超過五題未答者。
- ◆ 必塡或必答題空白。
- ◆ 問卷上預先設計正反向問題，如果兩題的答案出現不一致的情況。
- ◆ 整份問卷出現同一種答案。
- ◆ 給出的答案出現規律性。
- ◆ 不依照說明挑選題目作答，即不符合跳題邏輯。
- ◆ 單選題卻出現兩種以上答案。

利用線上問卷系統將有助於快速檢查無效問卷。可寫入檢查邏輯，如遇檢查無效，填寫者無法完成提交。爲了方便檢查，設計問卷時就需注意以下事項：

- 設計並標示必填或必答題。
- 設計正反向問題。
- 整份問卷選擇答案不能同一種。
- 整份問卷選擇答案不能形成規律。
- 決定是否要設計跳題題目。

表2.3中的第10題和第16題就屬於正反向問題，兩者的回答不能一致，否則可想而知填寫者沒有用心閱讀題意。

10.8.3 進階問卷分析

一般而言，每一題目的所有得分將呈現出常態分配（Normal Distribution）。除了得出總體分析結果外，還可以依據不同基本資料分類進行局部統計。例如：

- **資料分析**：計算並分析整體以及不同組織級別、工作性質以及是否擔任主管（以下統稱職位）的平均值（Mean）和標準差（Standard Deviation）。
- **重點分析**：計算並分析整體以及不同職位的最認可、最不認可與最具爭議前十名的問題。
- **對象分析**：計算並分析整體以及不同職位的有效問卷與無效問卷的比率。

平均值愈高的問題表示認可度愈高；反之，平均值愈低的問題表示愈不被認可。標準差愈高的問題表示大家的意見不一致。有效問卷比率愈高的群體代表對企業的忠誠度或滿意度高。基於上述的分析，可以瞭解不同問題被關注的力度，以及可以大致上研判不同職位員工對企業營運、文化與價值觀認同的程度。從經驗得知，企業的高層、中層與基層的員工所關心的問題不會一樣。知道問題所在後，顧問才有辦法找出需要改善的問題並說服管理層進行變革。

參考文獻

1. 今津美樹著，王立言譯，商業模式創新實戰演練入門：原來創造自己的商業模式這麼簡單，如果出版社，2020/09/09。
2. 曾光華，行銷管理：理念解析與實務應用（八版），前程文化，2020/09/01。
3. 林明樟、林承勳著，給兒子的18堂商業思維課，商周出版，家庭傳媒城邦分公司發行，2019/02/25。
4. 中國質量協會等著，美國波多里奇國家質量獎案例研究（製造業），中國社會出版社，2018/07/01。
5. 傑克．威爾許、蘇西．威爾許著，羅耀宗譯，致勝（Winning）：威爾許給經理人的二十個建言（新版），天下文化，2018/02/14。
6. Gareth R. Jones, Charles W. L. Hill原著，朱文儀、陳建男、黃豪臣譯，策略管理（初版），新加坡商聖智學習亞洲私人有限公司，2017/03/01。
7. 司徒達賢著，策略管理新論：觀念架構與分析方法（三版），元照出版社，2016/02/01。
8. 朱成，那些年一直錯用的SWOT分析，創見文化，2015/01/21。
9. 顧元勛等編著，企業管理諮詢（二版）—全週期卓越運作，北京清華大型出版社，2014/05/01。
10. Ray Fisman & Tim Sullivan原著，吳書榆譯，破解組織潛規則，大塊文化，2013/10/28。
11. 房西苑著，資本的遊戲（二版），機械工業出版社，2012/07/01。
12. 陳啓淦著，證嚴法師的故事：慈濟之母，文經社，2011/12/01。
13. 鄭曉明著，人力資源管理導論（三版）／現代企業人力資源管理實務叢書，機械工業出版社，2011/03/01。

14. 蘇珊・透納著，何霖譯，管理工具黑皮書：輕鬆達成策略目標，美商麥格羅・希爾國際出版社公司臺灣分公司，2011/02/24。
15. Osterwalder, Alexander/ Pigneur, Yves/ Smith, Alan (ILT)/ Clark, Tim (EDT), *Business Model Generation: A Handbook for Visionaries*, Game Changers, and Challengers, Wiley, 2010/07/13.
16. 成君憶著，孫悟空是個好員工：從《西遊記》看現代職場求生錄，臉譜出版社，2008/08/07。
17. 史綱等著，公司理財的13堂課，財團法人台灣金融研訓院，2008/12/01。
18. 邱慶劍著，世界500強企業管理工具精選，北京機械工業出版社，2006/01。
19. 艾瑞・魏特勒著，陳素幸譯，決技：40種有效決策利器，商智文化事業股份有限公司，2005/12/29。
20. Mintzberg, Henry/ Ahlstrand, Bruce/ Lampel, Joseph, *Strategy Safari: A Guided Tour Through The Wilds Of Strategic Management*, Free Press, 2005/06/01.
21. 余世維著，企業變革與文化，北京大學出版社，2005/06/01。
22. 蘇國垚、劉萍著，蘇國垚快樂工作哲學——位位出冠軍：讓每個職位的人都能成功，天下文化，2002/08/30。
23. Jeffery Krames著，羅曉軍、于春海譯，傑克・韋爾奇領導藝術詞典（*Jack Welch Lexicon of Leadership*），中國財政經濟出版社，2001。
24. 嚴長壽著，總裁獅子心，平安文化，1997/12/01。
25. 希克曼（Craig R. Hickman）著，楊美齡譯，策略遊戲（*The Strategy Game: An Interactive Business Game Where You Make or Break The Company*），天下文化，1996/03/31。
26. 司徒達賢著，彭春美編，策略管理，遠流出版社，1996/01/29。
27. MBA智庫百科，https://wiki.mbalib.com/wiki/首頁。

國家圖書館出版品預行編目（CIP）資料

管理顧問基礎養成術 ： 企業管理整體知識架構融會貫通/陳時新， 徐永堂著. -- 初版. -- 臺北市 ： 五南圖書出版股份有限公司, 2024.07
面 ； 公分
ISBN 978-626-393-504-4(平裝)

1.CST: 企管顧問業 2.CST: 企業管理 3.CST: 策略管理

489.17 113009291

1FU3

管理顧問基礎養成術：企業管理整體知識架構融會貫通

作　　者：陳時新、徐永堂
企劃主編：侯家嵐
責任編輯：吳瑀芳
文字校對：張淑媏
封面設計：姚孝慈
內文排版：賴玉欣
出 版 者：五南圖書出版股份有限公司
發 行 人：楊榮川
總 經 理：楊士清
總 編 輯：楊秀麗
地　　址：106臺北市大安區和平東路二段339號4樓
電　　話：(02)2705-5066　傳　　真：(02)2706-6100
網　　址：https://www.wunan.com.tw
電子郵件：wunan@wunan.com.tw
劃撥帳號：01068953
戶　　名：五南圖書出版股份有限公司
法律顧問：林勝安律師
出版日期：2024年 7 月初版一刷
定　　價：新臺幣320元

經典永恆·名著常在

五十週年的獻禮——經典名著文庫

五南，五十年了，半個世紀，人生旅程的一大半，走過來了。
思索著，邁向百年的未來歷程，能為知識界、文化學術界作些什麼？
在速食文化的生態下，有什麼值得讓人雋永品味的？

歷代經典・當今名著，經過時間的洗禮，千錘百鍊，流傳至今，光芒耀人；
不僅使我們能領悟前人的智慧，同時也增深加廣我們思考的深度與視野。
我們決心投入巨資，有計畫的系統梳選，成立「經典名著文庫」，
希望收入古今中外思想性的、充滿睿智與獨見的經典、名著。
這是一項理想性的、永續性的巨大出版工程。
不在意讀者的眾寡，只考慮它的學術價值，力求完整展現先哲思想的軌跡；
為知識界開啟一片智慧之窗，營造一座百花綻放的世界文明公園，
任君遨遊、取菁吸蜜、嘉惠學子！